中高职衔接贯通培养计算机类系列教材

Photoshop基础

翟秋菊　傅全忠　主编

薛永三　主审

化学工业出版社

·北京·

本书在内容选取上注重和职业岗位相结合，遵循职业能力培养基本规律，以项目为平台，以任务为载体，构建Photoshop图像处理课程体系，由简单到复杂，由单一到综合，设置了工作照制作、人物美化、卡通图案制作、名片设计、贺卡制作、包装设计及照片处理七个项目内容。

　　本书适合广大Photoshop初学者以及中高职院校相关专业的学生，也适合有志于从事平面广告设计、包装设计、网页制作等工作人员使用，也适合各类培训班的学员参考阅读。

图书在版编目（CIP）数据

Photoshop基础/翟秋菊，傅全忠主编. —北京：
化学工业出版社，2017.12（2022.1重印）
中高职衔接贯通培养计算机类系列教材
ISBN 978-7-122-30820-7

Ⅰ．①P… Ⅱ．①翟… ②傅… Ⅲ．①图象处理软件-
职业教育-教材 Ⅳ．①TP391.413

中国版本图书馆CIP数据核字（2017）第255718号

责任编辑：廉　静　　　　　　　　文字编辑：张绪瑞
责任校对：宋　夏　　　　　　　　装帧设计：刘丽华

出版发行：化学工业出版社（北京市东城区青年湖南街13号　邮政编码100011）
印　　装：北京虎彩文化传播有限公司
787mm×1092mm　1/16　印张14¼　字数341千字　2022年1月北京第1版第3次印刷

购书咨询：010-64518888　　　　　　　售后服务：010-64518899
网　　址：http://www.cip.com.cn
凡购买本书，如有缺损质量问题，本社销售中心负责调换。

定　　价：**48.00元**　　　　　　　　　　　　　　　　版权所有　违者必究

中高职衔接贯通培养计算机类系列教材
编审委员会

编 写 说 明

黑龙江农业经济职业学院 2013 年被黑龙江省教育厅确立为黑龙江省首批中高职衔接贯通培养试点院校，在作物生产技术、农业经济管理、畜牧兽医、水利工程、会计电算化、计算机应用技术 6 个专业开展贯通培养试点，按照《黑龙江省中高职衔接贯通培养试点方案》要求，以学院牵头成立的黑龙江省现代农业职业教育集团为载体，与集团内 20 多所中职学校合作，采取"二三分段"（两年中职学习、三年高职学习）和"三二分段"（三年中职学习、两年高职学习）培养方式，以"统一方案（人才培养方案、工作方案）、统一标准（课程标准、技能考核标准），共享资源、联合培养"为原则，携手中高职院校和相关行业企业协会，发挥多方协作育人的优势，共同做好贯通培养试点工作。

学院高度重视贯通培养试点工作，紧紧围绕黑龙江省产业结构调整及经济发展方式转变对高素质技术技能人才的需要，坚持以人的可持续发展需要和综合职业能力培养为主线，以职业成长为导向，科学设计一体化人才培养方案，明确中职和高职两个阶段的培养规格，按职业能力和素养形成要求进行课程重组，整体设计、统筹安排、分阶段实施，联手行业企业共同探索技术技能人才的系统培养。

在贯通教材开发方面，学院成立了中高职衔接贯通培养教材编审委员会，依据《教育部关于推进中等和高等职业教育协调发展的指导意见（教职成[2011]9 号）》及《教育部关于"十二五"职业教育教材建设的若干意见（教职成[2012]9 号）》文件精神，以"五个对接"（专业与产业对接、课程内容与职业标准对接、教学过程与生产过程对接、学历证书与职业资格证书对接、职业教育与终身学习对接）为原则，围绕中等和高等职业教育接续专业的人才培养目标，系统设计、统筹规划课程开发，明确各自的教学重点，推进专业课程体系的有机衔接，统筹开发中高职教材，强化教材的沟通与衔接，实现教学重点、课程内容、能力结构以及评价标准的有机衔接和贯通，力求"彰显职业特质、彰显贯通特色、彰显专业特点、彰显课程特性"，编写出版了一批反映产业技术升级、符合职业教育规律和技能型人才成长规律的中高职贯通特色教材。

系列贯通教材开发体现了以下特点：

一是创新教材开发机制，校企行联合编写。联合试点中职学校和行业企业，按课程门类组建课程开发与建设团队，在课程相关职业岗位调研基础上，同步开发中高职段紧密关联课程，采取双主编制，教材出版由学院中高职衔接贯通培养教材编审委员会统筹管理。

二是创新教材编写内容，融入行业职业标准。围绕专业人才培养目标和规格，有效融入相关行业标准、职业标准和典型企业技术规范，同时注重吸收行业发展的新知识、新技术、新工艺、新方法，以实现教学内容的及时更新。

三是适应系统培养要求，突出前后贯通有机衔接。在确定好人才培养规格定位的基础上，合理确立课程内容体系。既要避免内容重复，又要避免中高职教材脱节、断层问题，要着力突出体现中高职段紧密关联课程的知识点和技能点的有序衔接。

　　四是对接岗位典型工作任务，创新教材内容体系。按照教学做一体化的思路来开发教材。科学构建教材体系，突出职业能力培养，以典型工作任务和生产项目为载体，以工作过程系统化为一条明线，以基础知识成系统和实践动手能力成系统为两条暗线，系统化构建教材体系，并充分体现基础知识培养和实践动手能力培养的有机融合。

　　五是以自主学习为导向，创新教材编写组织形式。按照任务布置、知识要点、操作训练、知识拓展、任务实施等环节设计编写体例，融入典型项目、典型案例等内容，突出学生自主学习能力的培养。

　　贯通培养系列教材的编写凝聚了贯通试点专业骨干教师的心血，得到了行业企业专家的支持，特此深表谢意！作为创新性的教材，编写过程中难免有不完善之处，期待广大教材使用者提出批评指正，我们将持续改进。

中高职衔接贯通培养计算机类系列教材编审委员会

2016 年 6 月

前 言

  《Photoshop基础》是计算机应用专业中高职衔接贯通培养系列教材之一，本教材是与高职阶段《Photoshop图像处理高级应用》对向开发的，按照紧密贯通、有序衔接的要求，基于中高职人才培养规格定位（中职定位于Photoshop软件的使用，高职定位于初级设计师）合理确立教材内容体系。

  本教材作为贯通教材的第一阶段内容，集编者多年一线教学经验编写而成，体现了"教、学、做"一体化思路。它从一个图像处理初学者的角度出发，以Photoshop CS6为基础，旨在向计算机初学者介绍Photoshop CS6版本软件在计算机图像处理中的应用，使读者能够熟练掌握Photoshop软件的使用方法。在内容编写上采用项目教学法编写，并将项目分解成了多个任务，每个任务中包含了知识技能、知识与技能详解、任务实现等几个环节，通过将项目分解成任务，引导学生学习的积极性，在完成每个任务的过程中，由浅入深、循序渐进地完成图像处理基本知识的学习的同时，能使学生熟练掌握Photoshop软件的使用方法。学生只要按照书中任务实现的过程，就能掌握每个任务中包含的知识点、技能点及使用技巧。

  本书在内容选取上注重和职业岗位相结合，遵循职业能力培养基本规律，以项目为平台，以任务为载体，构建Photoshop图像处理课程体系，由简单到复杂，由单一到综合，设置了工作照制作、人物美化、卡通图案制作、名片设计、贺卡制作、包装设计及照片处理七个项目内容。本书适合广大Photoshop初学者以及中高职院校相关专业的学生、有志于从事平面广告设计、包装设计、网页制作等工作人员使用，也适合各类培训班的学员参考阅读。

  本书由黑龙江农业经济职业学院翟秋菊、克东县职业技术教育中心学校傅全忠担任主编，黑龙江农业经济职业学院卢士强担任副主编，黑龙江农业经济职业学院薛永三担任主审，黑龙江农业经济职业学院张金玲、牡丹江今行广告有限公司蔡敏强、克东县职业技术教育中心学校杨彪、密山市职业技术教育中心学校宋美丽参与编写，具体编写分工如下：翟秋菊编写项目1、项目2；宋美丽编写项目3的任务1；卢士强编写项目3的任务2、任务3和任务4；张金玲编写项目4；傅全忠编写项目5；杨彪编写项目6；蔡敏强编写项目7。全书由翟秋菊统稿。本书教师团队是由教学经验丰富、行业背景深厚的中高职院校一线"双师型"教师和企业专家共同组成。

  本书的编写得到了编者所在院校的大力支持，在此表示感谢。同时对本书编写过程中所参考的有关教材、论文、网络资源等相关文献的作者，一并表示感谢。

  尽管我们付出了巨大的努力，认真研讨和编写，但由于水平有限，视野不够开阔，及Photoshop图像处理技术发展快速等原因，书中难免有疏漏和不妥之处，敬请专家和读者提出宝贵意见。

编者
2017年5月

目　录

项目1　初识Photoshop——证件照的制作

项目2　人物美化

项目3 卡通图案制作

初识 Photoshop——
证件照的制作

项目目标

通过本项目的学习和实施，需要理解、掌握和熟练下列知识点和技能点：

了解 Photoshop 的基本功能和应用；

了解和掌握图像类型、文件格式、分辨率等图像处理基础知识；

熟悉 Photoshop 的工作界面；

了解常见证件照对应尺寸；

了解选区的概念；

熟练掌握裁剪工具、快速选择工具的使用方法和技巧；

熟练掌握画布大小命令、定义图案命令、图案填充命令的使用方法和技巧。

项目描述

证件照是我们生活中必不可少的一种照片类型，对急需证件照的朋友，只要有一部相机或像素高一些的手机，电脑中安装了 PS 软件，自己就可以很快地完成所需的证件照的制作。本项目通过带领读者一起完成证件照的制作，共同体验一下 Photoshop 的强大功能。

任务1 裁剪一寸照片

◇ 先睹为快

本任务效果如图1-1所示。

图1-1 照片裁剪前后对比效果

✧ **技能要点**

Photoshop的启动与退出
打开图像命令
存储为图像命令
裁剪工具

✧ **知识与技能详解**

1. Photoshop应用领域

Photoshop是美国ADOBE公司推出的一款图形图像处理软件，在图像处理中应用非常广泛，如平面广告设计、数码照片处理及网页设计等。

（1）平面广告设计

平面广告设计是Photoshop应用最为广泛的领域，无论是我们正在阅读的图书封面，还是大街上看到的招贴、海报，这些具有丰富图像的平面印刷品，基本上都需要Photoshop软件对图像进行处理。

（2）数码照片处理

使用Photoshop可以对旧照片进行上色、翻新、美容，可以去除照片上的褶皱，为数码照片校色、添加背景等操作。Photoshop具有强大的图像修饰功能。利用这些功能，可以快速修复一张破损的老照片，也可以修复人脸上的斑点等缺陷。

（3）网页设计

一个好的网页创意不会离开图片，只要涉及图像，就会用到图像处理软件，Photoshop就会成为网页设计中的一员，使用Photoshop可以将图像进行精确加工，还可以将图像制作成网页动画上传到网页中。

（4）建筑效果图后期修饰

在制作建筑效果图包括许多三维场景时，人物与配景包括场景的颜色常常需要在Photoshop中增加并调整。

（5）绘画

Photoshop具有良好的绘画与调色功能，许多插画设计制作者往往使用铅笔绘制草稿，然后用Photoshop填色的方法来绘制插画。

（6）艺术文字

利用Photoshop可以使文字发生各种各样的变化，并利用这些艺术化处理后的文字为图像增加效果。

2. Photoshop图像处理基本概念

（1）图像类型

我们所看见的在计算机中存储的图片类型可以分为位图图像和矢量图形两种。这两种类型有着各自的优缺点。

① 位图　位图也称点阵图，是由一个个小方格点组成的，这些点被称为像素。位图图像中的每个像素点都能记录一种色彩信息，因此位图图像表现的色彩非常丰富。图像中所包含的像素多少决定着位图图像的大小和质量，将图像放大到一定倍数时，就可以看到这些像素点，也就会使图像产生失真，常用的位图处理软件有Photoshop、Painter、Fireworks等。

② 矢量图　矢量图由数学方式描述的直线和曲线构成，无论它放大多少倍，它的边缘始终是平滑的，不会失真，但矢量图表现的颜色相对比较单一，适用于制作企业标志。常用的矢量图处理软件有AutoCAD、CorelDraw、Illustrator、Flash等。

（2）分辨率

分辨率是指单位长度上所包含的像素多少。单位长度上包含的像素越多，分辨率就越高，图像就越清晰。常见的分辨率有图像分辨率、显示器分辨率等。

① 图像分辨率　图像分辨率是指图像中存储的信息量，默认单位是"像素/英寸（ppi）"，即在一幅图像中单位长度（每英寸）所包含的像素个数。图像分辨率越高，图像细节越丰富，颜色过渡越平滑，图像信息量越大，文件也就越大。

② 显示器分辨率　显示器分辨率是指显示器上每单位长度显示的光点的数目，单位是"点/英寸（dpi）"。例如显示器的分辨率为80dpi，是指在显示器的有效显示范围内，显示器的显像设备可以在每英寸荧光屏上产生80个光点。

（3）图像文件格式

当我们处理好一幅图像后，就要进行存储，存储时，选择一种合适的文件格式就显得十分重要。Photoshop有20多种文件格式可供选择，不同的文件格式是以扩展名进行区分的。下面介绍几种常的文件格式。

① PSD格式　PSD格式是Photoshop的专用文件格式。优点是可以保留图层、通道等各种数据信息，支持所有的色彩模式，Photoshop存储或者打开这种格式文件的速度要比其他格式文件的速度快。缺点是这种格式图像文件容量大，占用磁盘空间多，不通用。一般在没有最终决定图像用途或者图像没有完成最后的处理时，需要存储的时候可以存储为这种格式。

② JPEG格式　JPEG格式是英文Joint Photographic Experts Group（联合照片专家组）的缩写，一种高效的压缩图像文件格式。它用有损压缩方式去除冗余的图像和彩色数据，获取极高的压缩率的同时能展现十分丰富生动的图像。目前各类浏览器均支持JPEG这种图像格式，因为JPEG格式的文件尺寸较小，下载速度快，是网络中常用的图像格式。

③ GIF格式　GIF格式是英文Graphics Interchange Format（图形交换格式）的缩写。GIF格式的特点是压缩比高，磁盘空间占用较少，支持透明背景，支持逐帧动画。GIF图像格式还增加了渐显方式，也就是说，在图像传输过程中，用户可以先看到图像的大致轮廓，然后随着传输过程的继续而逐步看清图像中的细节部分。缺点是最多只能存储256种颜色。目前网络上大量采用的彩色动画文件多为这种格式的文件。

④ TIFF格式　TIFF格式最初是出于跨平台存储扫描图像的需要而设计的。它的特点是图像格式复杂、存储信息多，存储的图像质量高，有利于原稿的复制。适合于印刷和输出。

3．Photoshop工作界面

（1）Photoshop的启动和退出

① Photoshop的启动。进入Photoshop环境可以采用以下几种方法。

● 双击桌面上的Photoshop快捷方式。

● 执行【开始】菜单—【程序】—【Adobe Photoshop】命令。

● 双击电脑中的任意一个扩展名为.PSD格式的文件。

② Photoshop的退出。当图像处理工作完成后，退出Photoshop环境可以采用以下几种方法。

- 单击Photoshop工作界面右上角的 ⊠ 按钮。
- 执行【文件】菜单—【退出】命令。
- 按下【Alt+F4】快捷键。
- 按下【Ctrl+Q】快捷键。

（2）Photoshop的工作界面

熟练掌握Photoshop工作界面是学习Photoshop的基础。启动Photoshop，执行【文件】菜单—【打开】命令，打开任意一个图像文件，Photoshop工作界面主要由菜单栏、属性栏、工具箱、浮动面板和状态栏组成，如图1-2所示。

图1-2　Photoshop工作界面

① 菜单栏　菜单栏包含【文件】、【编辑】、【图像】等11个菜单项，其中每个菜单项下都带有一组命令，通过选择执行这些命令可以配置Photoshop环境，对图像进行各种编辑、调整等操作。

"文件"菜单：包含新建、打开等各种操作文件的命令。

"编辑"菜单：包含复制、粘贴首选项等各种编辑文件的操作命令。

"图像"菜单：包含对当前图像进行编辑如模式转换、图像大小、画布大小等操作命令。

"图层"菜单：包含对图层操作如图层的建立、复制、合并等与图层相关的操作命令。

"文字"菜单：包含对文字层操作如文字变形、栅格化文字图层等与文字层相关的编辑与调整命令。

"选择"菜单：包含对选区操作如反向、色彩范围等与选区相关的操作命令。

"滤镜"菜单：包含为图像添加各种特殊效果的滤镜。

"3D"菜单：对建立的3D文件在合并、渲染等方面进行编辑。

"视图"菜单：包含对工作区视图管理如图像的放大与缩小、辅助工具的显示或隐藏等操作命令。

"窗口"菜单：包含对工具面板与控制面板的显示与隐藏等操作命令。

"帮助"菜单：包含关于系统信息、软件注册、各种工具的使用说明等帮助信息。

② 工具箱　工具箱如图1-3所示，包含了40多种工具，通过分隔线大致可分为选区绘制工具、描绘工具、矢量工具、辅助工具等。默认情况下位置窗口的左边，也可以根据个人习惯通过鼠标拖曳改变工具箱的位置。

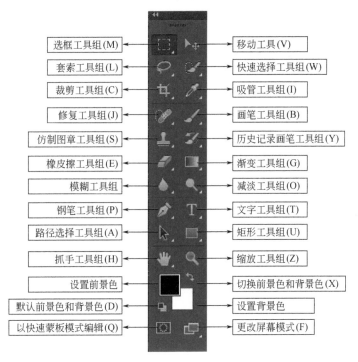

图1-3 工具箱

✍ **提示**

鼠标放停放在相应工具的上方，此时会显示该工具的名称，工具名称后面括号中的字母，代表选择此工具的快捷键。

✍ **提示**

鼠标左键单击工具箱中需要的工具可以快速选择默认的工具；直接选择工具箱上的工具快捷键，也可以快速选择该工具，例如选择"矩形选框"工具，可以直接按M键。

✍ **提示**

在工具箱中，有的工具图标的右下方有一个黑色的小三角，则表示此工具是具有隐藏工具的工具组。选择工具组中的隐藏工具可以通过鼠标左键单击该工具下的按钮或在该工具组上单击鼠标右键或者单击鼠标左键不放。

③ 工具属性栏 每个工具都有自己的属性栏，工具属性栏用于设置当前选择工具的属性，通过工具属性栏上的参数设置可以更好地配合工具编辑图像。如选择矩形选框工具时，其属性栏如图1-4所示，通过其中的各个选项可以对"矩形选框工具"做进一步设置。

图1-4 工具属性栏

④ 浮动面板 浮动面板可以辅助完成图像的处理操作，Photoshop CS6为用户提供了多个浮动面板组，停放在窗口的右侧区域，如图1-5所示。单击面板组右上角的按钮，可以折叠面板，折叠效果如图1-6所示。例如通过颜色面板可以设置前颜色，通过图层面板可以实现图层的编辑等操作。这些浮动面板是Photoshop的特色。它们的显示和隐藏可以通过

【窗口】菜单中相应的命令实现。

图1-5 浮动面板

图1-6 面板折叠效果

⑤ 图像窗口 图像窗口是Photoshop进行图像处理的主要场所，在Photoshop环境中可以打开多个图像窗口，如果打开多个窗口，它们会停放在选项卡中，如图1-7所示。每个图像的窗口都有自己的标题栏。单击图像名称（标题栏），即可使其成为当前操作图像窗口，单击并拖曳图像的标题栏可以将其从选项中拖出，使其成为可任意移动的浮动窗口，如图1-8所示。将一个浮动窗口的标题栏拖动到选项卡中，当图像编辑区出现蓝色方框时释放鼠标，可以将窗口重新停放到选项卡中，拖动过程如图1-9所示。

图1-7 打开多个图像窗口

提示

按【Ctrl+Tab】组合键，可以按照从前向后的顺序切换窗口。

提示

按【Ctrl+Shift+Tab】组合键，可以按照从后向前的顺序切换窗口。

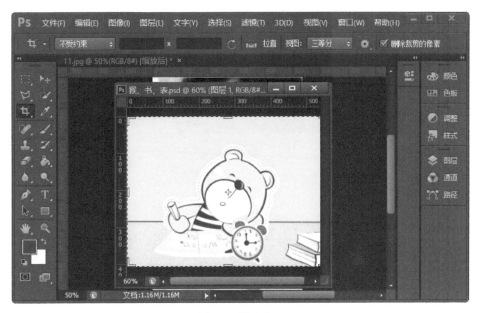

图1-8　浮动窗口

图1-9　重新将浮动窗口停放到选项卡过程

⑥ 状态栏　图像的状态栏显示在图像窗口的底部，如图1-10所示。状态栏的左侧是显示当前图像的百分比；中间部分显示的是图像的文件信息，鼠标左键单击右侧的▶按钮，在弹出的菜单中可以选择图像的相关信息。

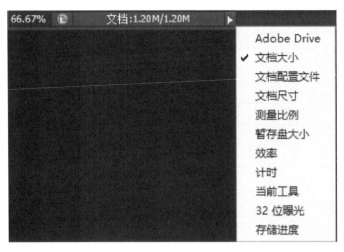

图1-10　图像窗口状态栏

4．常见证件照对应尺寸

常见证件照对应尺寸如表1-1所示。

表1-1　常见证件照对应尺寸

证件照类型	证件照尺寸	证件照类型	证件照尺寸
1英寸	25mm×35mm	港澳通行证	33mm×48mm
2英寸	35mm×49mm	赴美签证	50mm×50mm
3英寸	35mm×52mm	日本签证	45mm×45mm
大二寸	35mm×45mm	护照	33mm×48mm
身份证	22mm×32mm	驾照	22mm×32mm
毕业照	33mm×48mm	车照	60mm×91mm

5．图像文件基本操作

（1）新建图像文件

新建图像文件可以通过以下两种方法实现，弹出"新建"对话框。

①【文件】菜单—【新建】命令。

②按下【Ctrl+N】快捷键。

（2）打开素材图像

打开所需素材图像可以通过以下两种方法实现，弹出"打开"对话框。

①【文件】菜单—【新建】命令。

②按下【Ctrl+O】快捷键。

（3）存储图像文件

存储修改后的图像可以通过以下两种方法实现，弹出"另存为"对话框。

①【文件】菜单—【存储为】命令。

②按下【Ctrl+S】快捷键。

6．裁剪工具

使用裁剪工具图在图像窗口拖曳鼠标左键，如图1-11所示，确认操作时，图像中被裁剪工具选取的区域保留，其他区域删除。通过裁剪可以移去部分不需要的图像来加强构图效果，也可以通过裁剪重新定义画布的大小。其属性栏如图1-12所示。

图1-11 建立裁剪区域效果

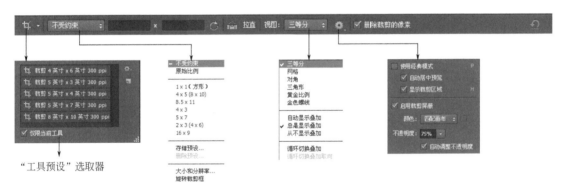

图1-12 "裁剪工具"属性栏

其中各项含义如下：

① "工具预设"选取器 ：在预设选区器里可以选择预设的参数对图像进行裁剪。

② "裁剪比例" ：该列表框中可以显示当前的裁剪比例或设置新的裁剪比例，如果图像中有选区，则"不受约束"按钮显示为"选区"按钮。

a. 选择"不受约束"，可以在图像上绘制出任意比例的矩形裁剪框。

b. 选择"原始比例"，只能按照该图像原来的长度和宽度比例来绘制矩形裁剪框。同时，也只能按照这个比例对裁剪框进行缩放操作。

c. 选择"1×1（方形）"，则会在长宽比文本框中显示出来。如图1-13所示，同时，只能在图像中绘制出正方形的裁剪框，即使是进行缩放操作，也是这样。

d. 同样，可以选择4×5（8×10）、8.5×11、4×3、5×7、2×3（4×6）和16×9等比例。当然，我们也可以在长宽比文本框中输入自己的裁剪比例，如图1-14所示。

图1-13 "1×1（方形）"属性栏效果图   图1-14 "自定义"裁剪比例

③ 自定长宽比 ：可以自由设置裁剪的长宽比，前面文本框设置宽度比例，后面文本框设置长度比例。

④ 纵向与横向旋转裁剪框 ：将纵向裁剪框旋转为横向裁剪框或将横向裁剪框旋转为纵向裁剪框。

⑤ 拉直 拉直 ：通过在图像上画一条线来拉直图像，用来矫正倾斜的照片。

⑥ 视图 视图：三等分 ：用来设置裁剪框的视图形式，如黄金比例、金色螺线等，参考视图辅助线可以裁剪出完美的构图。

a. "三等分"：参考线基于三分法则。三分法则是摄影师构图时使用的一种技巧。简单地说，就是把画面按水平方向在1/3、2/3位置画两条水平线，按垂直方向在1/3、2/3位置画两条垂直线，然后把景物尽量放在交点的位置上，其中三等分中间的◆标记，始终位于三分法则的中间位置，是法则的重心，不论三等分参考线如何缩放，◆标记永远保持在重心的位置上。

b. 自动显示叠加、总是显示叠加和从不显示叠加等部分用来确认是否显示裁剪参考线。

● 自动显示叠加：只有在裁剪框内移动图像时，才会显示裁剪参考线。

● 总是显示叠加：不论是否移动图像，总是显示裁剪参考线。

● 从不显示叠加：不论是否移动图像，都不会显示裁剪参考线。

c. 循环切换叠加和循环切换叠加取向等部分。

● 循环切换叠加：可以在裁剪参考线之间进行切换。每单击一次此命令，或按一次键盘上的"O"字母键，都可以进行切换。

● 循环切换叠加取向：可以切换三角形、金色螺线等参考线的方向。每单击一次此命令，或按一次键盘上的【Shift+O】组合键，都可以切换一次方向。

⑦ 其他裁切选项 ：可用来设置裁剪的显示区，裁剪屏蔽的颜色及不透明度等。

⑧ 删除裁剪的像素：确定是保留还是删除裁剪框外部的像素数据。选择该项，则删除被裁剪的图像，如果取消该项的选择，则可以调整画布的大小，但不会删除图像。选择"图像"菜单，点击"显示全部"命令，可以将隐藏的内容重新显示出来。使用移动工具 拖动图像，也可以显示出隐藏的部分。

⑨ 按钮：复位裁剪框、图像旋转以及长宽比设置。

⑩ 按钮：取消当前裁剪操作。

⑪ 按钮：提交当前裁剪操作。和按下Enter键的结果一样。

◇ 任务实现

① 执行【文件】菜单—【打开】命令，弹出如图1-15所示的"打开"对话框，打开如图1-16所示名称为"一寸底片"的图片文件。

图1-15 "打开"对话框

图1-16 "一寸底片"素材

② 选择【工具面板】中的【裁剪工具】█，在"裁剪工具"属性栏中单击"不受约束"选项，在"不受约束"下拉列表框中选择"大小和分辨率"选项，弹出"裁剪图像大小和分辨率"对话框，将宽度设置为2.5厘米，高度设置为3.5厘米，分辨率设置为300像素/英寸，设置过程如图1-17所示。单击"确定"按钮，"裁剪工具"属性栏如图1-18所示。

图1-17 "裁剪工具"属性设置过程

图1-18 "裁剪工具"属性栏

③ 在照片的合适位置单击并适当调整裁剪框位置，调整效果如图1-19所示，按"裁剪工具"属性栏中的"对勾√"属性或按键盘中的【Enter】键确认裁剪，裁剪效果如图1-20所示。

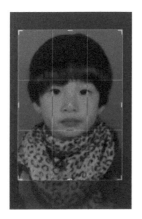

图1-19 "裁剪框"调整效果

图1-20 "裁剪"效果

图1-21 "另存为"对话框

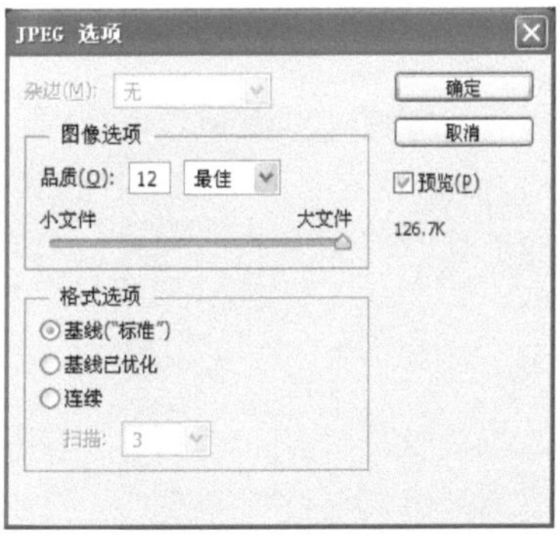

图1-22 "JPEG选项"对话框

④ 执行【文件】菜单—【存储】命令，弹出如图1-21所示的"另存为"对话框，选择如图像的存储为位置，设置文件名称，单击"存储为"按钮，弹出如图1-22所示的"JPEG选项"对话框，设置好图像的品质与大小，单击"确定"按钮。

任务2 更换照片背景

✧ 先睹为快

本任务效果如图1-23所示。

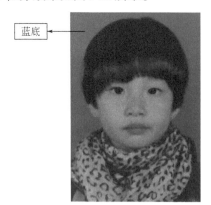
蓝底

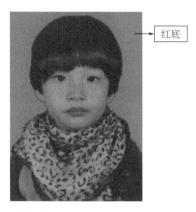
红底

图1-23 照片背景更换前后对比效果

✧ 技能要点

快速选择工具
设置前景色
画笔工具简单应用
缩放工具

图1-24 选区状态

✧ 知识与技能详解

1. 选区

在处理图像时，如果想对图像的局部区域进行编辑，首先要通过各种方法与途径将其选中，选中的区就是所谓的选区。创建选区后，该区域的像素会处于被选取状态，选取的选区状态表现为由黑白色构成的类似的蚂蚁线状态，如图1-24所示，选区是下一步工作的基础准备。准确、有效地绘制选区能够提高图像处理速度与质量。

2. 快速选择工具

快速选择工具组通过鼠标左键拖曳或单击确定颜色相近的选取范围，包括快速选择工具和魔棒工具，如图1-25所示。在本任务中重点介绍快速选择工具。

快速选择工具 能够利用可调节的圆形画笔在图

像中单击并拖曳鼠标左键来快速的"绘制"选区。使用该
工具创建选区时，选区会沿着笔尖经过的地方自动地查找
主体边缘并向外扩展选区。快速选择工具属性栏如图1-26
所示。

图1-25　快速选择工具组

① 选区形式设置按钮组 ：包括三个按钮，它们的含义如下。

● 新选区按钮：单击此按钮，可以创建一个新选区，同时取消原来选区。

● 添加到选区按钮：单击此按钮，可以在原有选区基础上增加当前绘制的选区。

● 从选区减去按钮：单击此按钮，可以在原有选区基础上减去当前绘制的选区。

② 对所有图层取样：当图像中含有多个图层时，选中该复选框，将对所有可见图层的
图像像素都起作用，没有选中时，快速选择工具只对当前操作图层起作用。

③ 自动增强：选择此项时，在图像上快速选择选区时，遇到选择对象的边界会做一个
自动调整（扩大要选择的，收缩不需要选择的），对所建立的选区起到一个微小的"调整边
缘"的效果，一般都勾选此项。

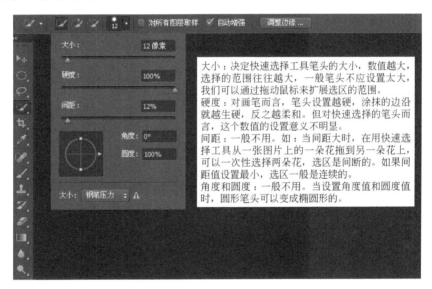

图1-26　快速选择工具属性栏

④ 调整边缘：单击此按钮，可以打开如图1-27所示的"调整边缘"对话框，在对话框
中可以更进一步地调整选区边界或对照不同的视图查看选区内的像素。

调整边缘对话框主要分为视图模式、边缘检测、调整边缘、输出四个大的区域。

视图模式区：使用各种视图方式观察选择区的范围，以屏蔽选择区外图像对操作的影
响，便于观察抠出图像与各种背景的融合效果。

闪烁虚线 (M)：以标准模式，即蚂蚁线来显示选择区域。当我们做出选区后，选择闪烁虚
线模式时，可以看到背景与选择区的内部图像。

叠加 (V)：用快速蒙版方式显示选区，它可以将选区以外的像素用半透明的颜色遮盖起
来，从而强化选区内的像素，让我们更容易观察到选区的形状。

黑底 (B)：选区外的像素用黑色背景来显示，可以利用这个模式观察选区内的图像放在
黑背景时，边缘是否正常融合。

白底 (W)：选区外的像素用白色背景来显示，可以利用这个模式观察选区内的图像放在

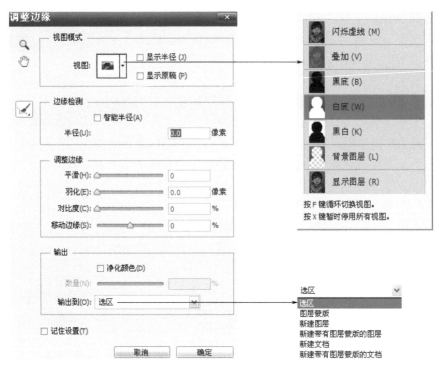

图1-27 "调整边缘"对话框

白色背景中时，边缘是否融合正常。

黑白(K)：将选区作为蒙版查看，选区内用白色显示，选区外用黑色显示。

背景图层(L)：选区外的像素用透明色来显示。

显示图层(R)：恢复没有建立选区前的状态。

✎ 提示

按F键可以使视图模式循环切换。

边缘检测区：通过参数调整，设置选区边缘检测范围。

半径(U)：移动半径滑块，则会以选区边线为中心，产生一定范围的边缘检测区域，并根据此范围判断哪些像素属于主体，哪些像素属于背景。当显示半径选项☑显示半径(J)被选中时，可以清楚地看到边缘检测范围。

☑智能半径(A)：当此选项选中时，系统会根据选区内外像素颜色容差，自动生成宽窄不等的智能边缘检测区域。

调整半径：调整半径工具可以用来增加局部的边缘检测区域。

抹除调整：抹除调整工具可以用来减少局部的边缘检测区域。

调整边缘区：在通过边缘检测区的参数调整得到主体选区后，再用调整边缘区的参数设置可以对主体边缘选区作平滑、羽化、锐化、缩小和扩大等操作设置。

平滑(H)：取值范围为0～100，通过参数调整可以减少选区边缘的不规则凸凹区域以创建较平滑的轮廓。当需要精细抠图时，一般取值2、3左右，不宜过大。

羽化(E)：取值范围为0～250像素，通过参数调整设置选区内部与周围像素之间的过渡效果。

对比度(C):取值范围为0% ~ 100%，通过参数调整可以增加对比度使柔化的选区边界变得犀利，去除边界模糊的不自然感。

移动边缘(S):减小（取负）或者增大（取正）选区边缘范围。

输出区：通过参数调整保存设置好的选区或选区内的像素。

数量(N):取值范围为0 ~ 100，当☑净化颜色(D)复选框选中时，此参数可调整，用以消除选区边缘与主体不稳和的颜色。

输出到(O):是保存抠图结果的方式选择。输出到的下拉菜单里有选区、图层蒙版、新建图层、新建带有图层蒙版的图层、新建文档和新建带有图层蒙版的文档六种方式可供选择。

提示

当选区不需要时，可以通过执行【选择】菜单—【取消选择】命令（或按【Ctrl+D】组合键）取消当前选区。

3. 缩放工具

缩放工具 可以快速将图像的显示比例放大或缩小，选择缩放工具并单击图像时，对图像显示比例进行放大处理，按住Alt键单击图像时，缩小图像显示比例。其属性栏如图1-28所示。

图1-28　缩放工具属性栏

① 放大按钮 ：在图像内单击时，可以放大图像显示比例，快捷键为【Ctrl+"+"】，图像显示比例最大可以放大到320%，此时放大镜内的"+"号消失。

② 缩小按钮 ：在图像内单击时，可以缩小图像显示比例，快捷键为【Ctrl+"−"】，图像显示比例最小可以缩小到1像素，此时放大镜内的"−"号消失。

③ 调整窗口大小以满屏显示 ：当选择此选项时，放大或缩小图像显示比例时自动调整窗口大小。

④ 缩放所有窗口 ：选择此选项时，同时缩放Photoshop环境中已打开的所有窗口图像。

⑤ 细微缩放 ：选择此选项时，在Photoshop图像窗口中按住鼠标左键拖动，可以随时缩放图像大小，向左拖动鼠标为缩小，向右移动鼠标为放大。不勾选此选项时，在Photoshop图像窗口中按住鼠标左键拖动，可创建出一个矩形选区，将以矩形选区内的图像为中心进行放大或缩小。

⑥ 实际像素 ：单击此按钮，可以还原到图像实际尺寸大小。

⑦ 适合屏幕 ：单击此按钮，可以按图像原有比例在窗口中最大化显示完整的图像。

⑧ 填充屏幕 ：单击此按钮，可以使图像自动填充整个图像窗口大小。

⑨ 打印尺寸 ：单击此按钮，可以按实际的打印尺寸显示图像。

4. "工具"面板中的"设置前景色"和"设置背景色"

前景色一般应用在绘画、填充和选区描边上，比如使用绘画工具绘制线条，使用文字工具创建文字时的颜色使用的都是前景色。背景色一般在擦除、删除和涂抹图像时显示出来，比如使用橡皮擦工具擦除图像时，被擦除区域所呈现的颜色；增加画布大小时，新增的画布也可以用背景色填充；另外，在某些滤镜特效中，也会用到前景色和背景色。在Photoshop工具箱底部有一组专用的图标来设置前景色和背景。如图1-29所示。

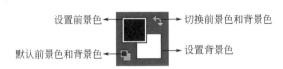

图1-29 "设置前景色"和"设置背景色"图标

"默认前景色和背景色" ▣：默认情况下"设置前景色"色标颜色为黑色，"设置背景色"色标颜色为白色。单击"默认前景色和背景色"按钮，或者按下键盘上的<D>键，即可将"设置前景色"和"设置背景色"恢复为默认颜色设置。

"切换前景色和背景色" ↰：单击"切换前景色和背景色" ↰按钮或者按下键盘上的【X】键，即可切换"设置背景色"和"设置背景色"色标的颜色。

"设置前景色"：当用户单击此按钮时将弹出【拾色器】来设定前景色，如图1-30所示。

"设置背景色"：当用户单击此按钮将弹出【拾色器】来设定背景色，如图1-31所示。

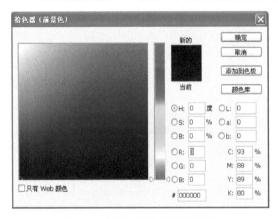

图1-30 【拾色器】设置前景色

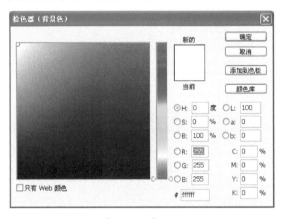

图1-31 【拾色器】设置背景色

◇ 任务实现

① 按下【Ctrl+O】快捷键，打开"任务1"中制作的图像。

② 选择【工具面板】中的【快速选择工具】 🖌，其属性栏如图1-32所示。在非人物区拖曳鼠标建立如图1-33所示的选择区域。

图1-32 快速选择工具属性栏

③ 单击"快速选择工具"属性样中的"调整边缘"选项，在弹出的"调整边缘"对话框中设置参数如图1-34所示。单击"确定"按钮。

④ 单击【工具面板】中的【设置前景色图标】 ▣，打开如图1-35所示的"拾色器"对话框，在"颜色选择区"中单击需要的颜色，本任务选择了"红色"，单击确定按钮，设置前景色色标的颜色变成红色。

⑤ 按下【Alt+Delete】快捷键，用设置好的前景色填充选择区域。

⑥ 按下【Ctrl+D】键，取消当前的选择区域。

⑦ 选择【工具面板】中的【缩放工具】 🔍，在图像中单击，将图像放大一定比例，放大效果如图1-36所示。

图1-33　建立选区状态

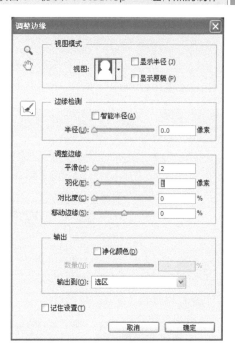

图1-34　"调整边缘"对话框参数设置

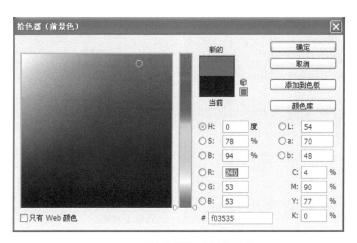

图1-35　"拾色器"设置前景色

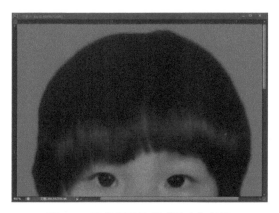

图1-36　图像显示比例"放大"效果

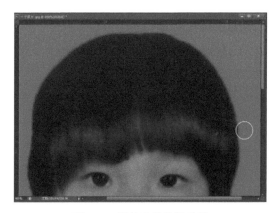

图1-37　画笔工具涂抹效果

⑧ 选择【工具面板】中的【画笔工具】，选择柔和的笔头沿着人物边缘区域涂抹，如图1-37所示，使背景自然过渡。

⑨ 选择【工具面板】中的【缩放工具】，单击如图1-38所示属性栏中的"实际像素"按钮，使图像显示比例恢复到"100%"状态。

图1-38　缩放工具属性栏

⑩ 执行【文件】菜单—【存储】命令，将制作好的文件存储为到合适位置。

任务3　制作一版一寸证件照

◇ 先睹为快

本任务效果如图1-39所示。

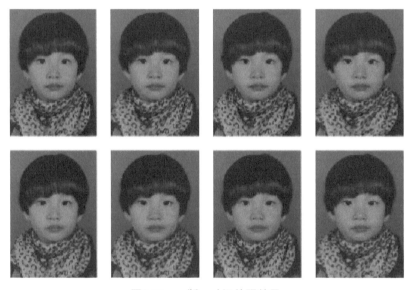

图1-39　一版一寸证件照效果

◇ 技能要点

画布大小
定义图案
图案填充

◇ 知识与技能详解

1. 图像颜色模式

在Photoshop中，了解颜色模式的概念是很重要的，因为颜色模式决定一副图像用什么样的方式在计算机中显示或打印输出。常见的颜色模式包括灰度模式、索引颜色模式、HSB颜色模式、RGB颜色模式、CMYK颜色模式、Lab颜色模式、多通道模式等。每种颜色模式的图像描述和重现色彩的原理及所能显示的颜色数量是不同的。下面介绍几种常用的颜色模式。

（1）RGB颜色模式

RGB颜色模式属于屏幕显示模式，其中3个字母代表的是红（Red）、绿（Green）和蓝（Blue）。将3种基色按照从0（黑）到255（白色）的亮度值在每个色阶中分配，从而指定其色彩。当不同亮度的基色混合后，便会产生出256×256×256种颜色，约为1670万种。例如，纯红色R的值为255，G值为0，B值为0；当3种基色的亮度值相等时，产生灰色；当3种亮度值都是255时，产生纯白色；而当所有亮度值都是0时，产生纯黑色。3种基色混合生成的颜色一般比原来的颜色亮度值高，所以RGB模式也叫作加色模式。

（2）CMYK颜色模式

CMYK颜色模式属于打印模式，其中四个字母代表的是青色（Cyan）、洋红色（Magenta）、黄色（Yellow）、黑色（Black）。此颜色模式对应的是印刷用的四种油墨颜色。CMYK模式在本质上与RGB模式没有什么区别，只是产生色彩的原理不同。当4种基色的值都为0%时产生白色，都为100%时产生黑色。随着C、M、Y、K四种值的增大，颜色越来越暗，因此CMYK模式又被称为减色模式。

（3）索引颜色模式

索引颜色模式最多只包含256种颜色，是网络和动画中常用的一种颜色模式。将其他彩色模式转换为索引颜色模式时，软件会自动构建一个颜色表来存放索引图像中的色彩，如果原图像中色彩不能用256种颜色表现，则Photoshop会从可使用的颜色中选出最相近颜色来模拟这些颜色，这样可以减小图像文件的尺寸。当图像存储为GIF格式时，会自动转换成索引模式。

（4）Lab颜色模式

Lab颜色模式以一个亮度分量L及两个颜色分量a和b来表示颜色，其中L的取值范围是$0 \sim 100$，a分量代表由绿色到红色的光谱变化，而b分量代表由蓝色到黄色的光谱变化，a和b的取值范围均为$-128 \sim 127$。

Lab颜色模式是由CIE协会在1931年制定的一个衡量颜色的标准，在1976年被重新定义并命名为CIELab，此模式不依赖于任何设备。Lab颜色模式所包含的颜色范围最广，能够包含所有的RGB和CMYK模式中的颜色。它是Photoshop的内部颜色模式，能毫无偏差地在不同系统和平台之间进行转换，因此是Photoshop在不同颜色模式之间转换的中间模式。

（5）灰度模式

灰度模式是使用范围在$0 \sim 255$之间的256级灰度亮度值来表现图像，图像中的每个亮度值可以用黑色油墨覆盖的百分比来表示（0%等于白色，100%等于黑色）。一幅灰度图像在转变成彩色颜色模式后，可以为其上色。但如果将彩色颜色模式转换成灰类度模式时，则颜色不能再恢复，只有灰度信息，没有任何色彩。

2. 画布大小

画布大小命令功能是用来增加图像的工作区域。修改画布大小不影响图像原来的像素区域，只是使画布的大小发生变化，单击【图像】菜单—【画布大小】命令，打开如图1-40所示的"画布大小"对话框。参数说明如下所述。

（1）当前大小

显示了图像当前的宽度、高度以及文档的实际大小。

（2）新建大小

通过"宽度"和"高度"文本框中的值来设置或修改画布的大小。如果设置的宽度和高度大于图像的原有尺寸，Photoshop就会在原有图像尺寸的基础上增加画布尺寸，反之，将减小画布尺寸。减小画布会裁剪图像。

（3）相对

选择此项，"宽度"和"高度"选项中的数值将表示为实际增加或者减少的区域的大小，输入正值表示增加画布尺寸的大小，输入负值表示缩小画布尺寸的大小。

（4）定位

单击不同的方格，可以确定图像在修改后的画布中的相对位置，有9个位置可以选择，默认为水平垂直都居中。

① 单击向左的箭头"←"所在的方格。如图1-41所示，增加的画布尺寸在上方和下方各增加0.5厘米，右方增加1厘米。画布增加后的图像效果如图1-42所示。

图1-40 "画布大小"对话框　　　　　　　图1-41 "定位←"方格效果

② 单击右下角的箭头"↘"所在的方格，如图1-43所示，增加的画布尺寸在上方和左方各增加1厘米，原来图像处于修改后的画布中的右下角的位置上，效果如图1-44所示。

图1-42 定位"←"画布调整效果　　　　　　图1-43 "定位↘"方格效果

（5）画布扩展颜色

设置画布扩展以后的那部分颜色，在如图1-45所示的下拉列表框中可以设置成背景或前景的颜色。单击其他选项，打开如图1-46所示的"拾色器"对话框，可以设置任意一种颜色。如果图像的背景是透明的，则"画布扩展颜色"选项不可用，增加的画布是透明的。

图1-45 画布扩展颜色列表框

图1-44 "定位↘"方格画布调整效果

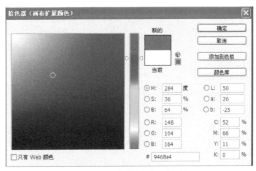

图1-46 "拾色器"对话框

3. 定义图案

图案属于一种"全局性"的定义，是可记忆和可重复使用的。建立如图1-47所示的选择区域，单击【编辑】菜单—【定义图案】命令，打开如图1-48所示的对话框，单击确定按钮，选区内的像素被定义成图案。图案定义成功后，就可以通过多种工具或命令调用定义好的图案。

图1-47 建立选区范围

图1-48 定义图案对话框

 提示

创建选区定义图案时，选区必须是矩形选择区域，并且选区不能被羽化；不创建选区定义图案时，将把整个图像作为图案定义。

4. 填充命令

"填充"命令可以按用户选择的颜色或图案来填充选择区域或图像，制订出别具特色的图像效果。单击【编辑】菜单—【填充】命令，可以打开如图1-49所示的填充对话框。单击"使用"右侧的下拉列表框，打开如图1-50所示的列表框，在列表框中可以选择填充方式，在列表框中选择"图案"选项时，其对话框状态如图1-51所示，在自定义图案库中可以选择要填充的图案，还可以对填充内容的"混合模式"和"不透明度"进行设置。

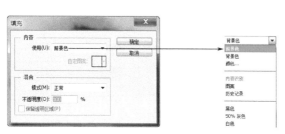

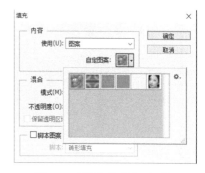

图1-49 "填充"对话框　　图1-50 "使用"下拉列表框　　图1-51 "图案填充"对话框

提示

填充命令使用的相关快捷键有：使用前景色填充的快捷键是Alt+Delete，或者Alt+Backspace；使用背景色填充的快捷键是：Ctrl+Delete，或者Ctrl+Backspace；打开填充对话框的快捷键是Shift+Backspace或者Shift+F5组合键。

◇ 任务实现

① 按下【Ctrl+O】快捷键，打开"任务1"或"任务2"中制作的图像。

② 执行【图像】菜单—【画布大小】命令，在弹出的如图1-52所示的"画布大小"对话框中将高度和宽度值各增加0.4厘米，"画布扩展颜色"选择"白色"，其他参数默认，单击"确定"按钮，图像效果如图1-53所示。

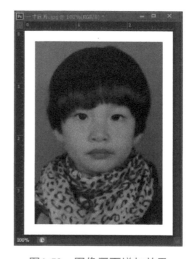

图1-52 "画布大小"对话框　　　　图1-53 图像画面增加效果

③ 执行【编辑】菜单—【定义图案】命令，打开如图1-54所示的"图案名称"对话框，单击"确定"按钮。

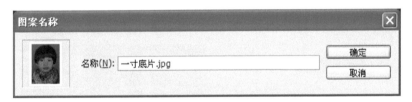

图1-54 "图案名称"对话框

④ 按下【Ctrl+N】键新建一个文件，参数设置如图1-55所示，单击"确定"按钮。

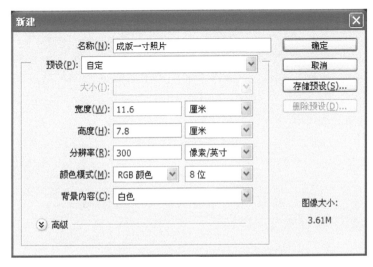

图1-55 "新建文件"参数设置效果

⑤ 执行【编辑】菜单—【填充】命令，弹出如图1-56所示的"填充"对话框，在如图1-57所示的"使用"下拉菜单中选择"图案"选项，单击自定图案右侧的图案下拉三角块，在如图1-58所示的图案库中选择定义好的图案。单击"确定"按钮，填充效果如图1-59所示。

图1-56 "填充"对话框

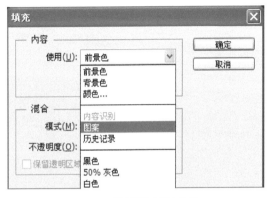

图1-57 "使用"下拉菜单

⑥ 执行【文件】菜单—【存储】命令，将制作好的文件存储到合适位置。

图1-58 图案库

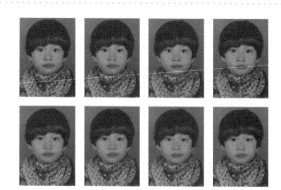

图1-59 填充效果

✧ 项目总结和评价

通过本项目的学习，学生对Photoshop软件有了新的认识，对于Photoshop的应用领域有所了解，学生能进行简单的操作，并掌握了剪切工具、快速选择工具、缩放工具、画面大小、定义图案及填充等常用命令的使用方法。

思考与练习

1. 思考题

（1）在使用放大工具时，放大与缩小图像显示比例的快捷键是什么？

（2）图像处理常用文件格式有哪些？

2. 操作练习

用手机拍一张自己的个人照片并制作成一版二寸照片。

项目 2

人物美化

✎ **项目目标**

通过本项目的学习和实施，需要理解、掌握和熟练下列知识点和技能点：

理解图层的概念及图层的作用；

掌握浮动面板中历史记录面板的使用方法与技巧；

掌握历史记录画笔工具的使用方法和技巧；

熟练掌握魔棒工具的使用方法和技巧；

熟练掌握套索工具、多边形套索工具及磁性套索工具的使用方法与技巧；

掌握橡皮擦工具的简单应用。

✎ **项目描述**

兴趣是学生学好一门课程的内部动力，浓厚的学习兴趣可以促使学生积极主动地获取与课程相关的知识内容，在项目二中以人物美化这个项目为主线，在这个项目里包括去斑、加深眉毛、变化嘴唇颜色、换脸、换头像五个任务。这个项目中的任务都是与我们生活实际相关的学生们感兴趣的实例，可以达到培养学生兴趣的目的。

任务1 去斑

◇ 先睹为快

本任务效果如图2-1所示。

图2-1 去斑前后效果对比图

◇ **技能要点**

历史记录面板
历史记录画笔工具
高斯模糊

◇ **知识与技能详解**

1. 历史记录面板

历史记录面板可以取消或恢复多步操作，它提供了更为完善的编辑恢复功能。执行【窗口】菜单—【历史记录】命令，或单击工作界面上的【历史记录】标签可以打开如图2-2所示的历史记录面板。

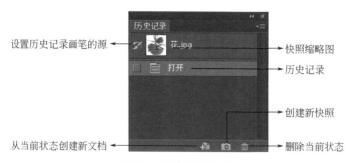

设置历史记录画笔的源 ←　　　　　　　　　　　　→ 快照缩略图
　　　　　　　　　　　　　　　　　　　　　　　→ 历史记录

　　　　　　　　　　　　　　　　　　　　　　　→ 创建新快照

从当前状态创建新文档 ←　　　　　　　　　　　　→ 删除当前状态

图2-2　历史记录面板

（1）快照缩略图

快照缩略图用来存储图像打开时的快照状态，当我们在编辑图像过程中，如果对编辑的图像不满意，可以单击这个快照缩略图，快速回到图像打开时的原始状态。

（2）历史记录

历史记录用来记录编辑图像过程中的每一步操作，默认状态下可以记录最近操作的20条步骤，如果历史记录数目超出20时，最前面的记录会被后面的操作步骤替换。如果想改变这个默认值可以执行【编辑】—【首选项】—【性能】命令，在打开如图2-3所示的对话框中将 历史记录状态(H): 20 ▶ 选项改成自己希望的数值。

在历史记录面板中如果存在多条操作记录，而我们又想回到其中的历史面板中存在的某一条记录处，只需单击你想回到的那一步记录位置，就可以返回到那一步的图像状态，而在这一步后面的操作记录会被删除。

✎ **提示**

历史记录状态数值设置越大，对电脑性能的要求就越高，所以在设置参数时不能设置的太大。

（3）从当前状态创建新文档

从当前状态创建新文档是以你选中的历史记录作为依据，根据这一步操作效果创建出新的图像画布。

（4）创建新快照

在打开图像时，Photoshop会自动建立一个图像打开状态的快照。在处理图像过程中，

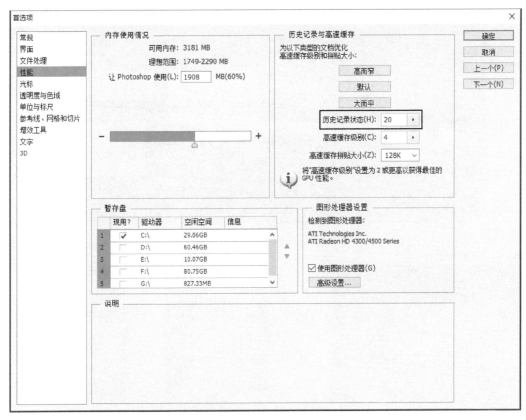

图2-3 首选项性能对话框

可以单击【创建新快照】 📷 按钮建立新的快照，通过快照的建立把处理图像过程中的某个临时状态通过快照存储在内存中，当对图像进行一些操作后，单击新快照图标，能快速恢复到快照存储时的状态。文档关闭后，快照信息不会被保存。

（5）删除当前状态

选择某个历史记录，单击【删除当前态】 🗑 按钮，可以将选中的历史记录删除。或鼠标左键拖曳选中的历史记录或快照到【删除当前态】 🗑 按钮上，也可以将历史记录或快照删除。

（6）设置历史记录画笔的源

设置历史记录画笔的源 📝 需要配合工具箱中的历史记录画笔工具一起使用，历史记录画笔工具作用是将部分图像恢复到某一历史状态，形成特殊的图像效果。在使用时通过历史记录面板上设置历史记录画笔的源 📝 的定位，使图像的部分区域恢复到历史记录画笔的源定位的状态。

2．历史记录画笔工具

历史记录画笔工具 📝 主要作用是将图像部分或全部恢复到某一历史状态，对图像进行更加细微的控制，形成特殊的图像效果。它必须配合历史记录面板一起使用，通过历史记录面板上历史记录画笔的源定位到某一步操作，把图像在处理过程中的某一历史状态部分或全部复制到当前图像中。其属性栏如图2-4所示。如历史记录画笔的源定位如图2-5所示，使用历史记录画笔工具在图像中涂抹前后对比效果如图2-6所示。

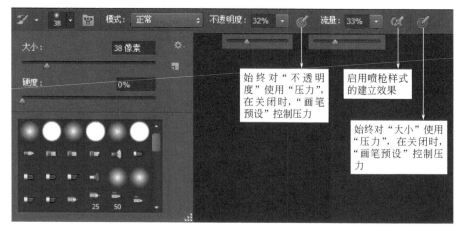

图2-4 历史记录画笔工具属性栏

图2-5 历史记录画笔源定位位置

图2-6 历史记录画笔工具涂抹前后效果

3. 高斯模糊

高斯模糊是经常使用的一个一般滤镜，它可以将图像以高斯曲线的形式对图像进行模糊，可以通过【滤镜】菜单—【模糊】—【高斯模糊】方式打开，其对话框如图2-7所示，半径值越大，图像模糊效果越明显。

图2-7 高斯模糊对话框

❖ 任务实现

① 执行【文件】菜单—【打开】命令，打开如图2-8所示名称为"去斑效果"素材图片。

② 执行【滤镜】菜单—【高斯模糊】命令，参数设置如图2-9所示。

图2-8 去斑效果素材图

图2-9 高斯模糊参数对话框

③ 执行【窗口】菜单—【历史记录】命令，打开历史记录浮动面板。

④ 点击【历史记录】面板下方的【创建新快照】 📷命令，创建快照1，历史记录面板状态如图2-10所示。

⑤ 将历史记录画笔的源定位在快照1的位置，历史记录恢复到打开记录上。设置后的历史记录面板状态如图2-11所示。

图2-10 历史记录面板状态1

图2-11 历史记录面板状态2

⑥ 选择【工具面板】中的【缩放工具】 🔍，单击如图2-12所示属性栏中的"填充屏幕"按钮，使图像填充整个图像窗口。

图2-12 缩放工具属性栏

⑦ 选择【工具面板】中的【历史记录画笔工具】 ✐，设置参数如图2-13所示，在有斑的脸部区域涂抹，涂抹时避开眼睛、嘴唇和鼻孔位置。涂抹效果如图2-14所示。

图2-13   历史记录画笔工具参数设置

⑧ 将"历史记录画笔工具"的笔头大小变到10左右，在眼部、鼻子与嘴唇区域继续涂抹，涂抹效果如图2-15所示。

图2-14   历史记录画笔工具涂抹中间效果   图2-15   最终涂抹效果

⑨ 执行【文件】菜单—【存储为】命令，存储调整后的图像。

任务2   加深眉毛

✦ 先睹为快

本任务效果如图2-16所示。

图2-16   眉毛加深前后对比效果

✦ 技能要点

多边形套索工具
羽化命令

图层
正片叠底
橡皮擦工具

✧ 知识与技能详解

1. 多边形套索工具

图2-17 套索工具组

套索工具组可以创建不规则的选区范围，包括套索工具、多边形套索工具和磁性套索工具三个选框工具，如图2-17所示。在这里，重点介绍多边形套索工具。

使用多边形套索工具时，通过鼠标左键单击来确定套索点，点与点之间自动用直线连接最后形成任意多边形选区。当回到起点时，光标下会出现一个小圆圈，表示选择区域已封闭，再单击鼠标即完成操作。其属性栏如图2-18所示。

图2-18 多边形套索工具属性栏

提示

多边形套索工具在绘制选区时：按住Shift键，可以创建以45°角倍增的直线；按住Delete键可删除当前绘制的点；按住Alt键，可切换到套索工具；按Esc键可以删除所有的节点。

：选区运算按钮组，包括四个按钮，它们的含义如下。

新选区：此按钮选中状态下，可以用来创建一个新选区。如果在画布中已经存在一个选区，则建立新选区时会取消原有的选区，呈现新的选区，建立选区状态如图2-19所示。

添加到选区：此按钮选中状态下，绘制新的多边形选区时可以在原有选区的基础上扩展新的选择区域。添加到选区时松开鼠标前后对比的效果，如图2-20所示。

图2-19 新选区

图2-20 添加到选区松开鼠标前后对比效果

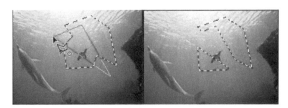

图2-21 选区减去松开鼠标前后对比的效果

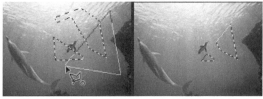

图2-22 选区交叉松开鼠标前后的对比效果

● 从选区减去 ▣：此按钮选中状态下，绘制多边形选区时可以在原有选区的基础上减去新建立的选择区域。从选区减去时松开鼠标前后对比的效果，如图2-21所示。

● 与选区交叉 ▣：此按钮选中状态下，拖动鼠标左键绘制选区时只保留新建的选区与原有选区相交叉的部分为最终的选择区域。与选区交叉时松开鼠标前后的对比效果，如图2-22所示。

提示

在已经建立一个选区，并且在新选区选项选中状态下：

● 按住Shift键，拖动鼠标左键便可以在原有选区的基础上扩展新的选择区域。即切换到添加到选区属性。

● 按住Alt键，拖动鼠标左键可以在原有选区的基础上减去新建立的选择区域。即切换到从选区中减去属性。

● 按住Alt+Shift键，拖动鼠标左键便可以创建两个选区的相交选区。即切换到与选区交叉属性。

羽化：0像素 ：是只针对选区所使用的参数设置。设置该参数可以对生硬的选区边缘进行一定程度的柔化，羽化选区后可以填充选区、删除选区内图像、复制选区内的图像等操作。参数范围为0～250像素之间，羽化参数设置越大，边缘像素就越模糊。羽化参数值为0和6的选区状态对比如图2-23所示，删除图像效果对比如图2-24所示。

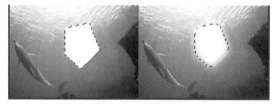

图2-23　羽化值为0和6的选区状态对比　　　　图2-24　羽化值为0和6的删除图像效果对比

☑ 消除锯齿 ：此项被选中时，可以使选区边缘变得更加平滑。

2. 羽化命令

羽化功能是在通过选择范围作用像素时，在选区边界产生柔和的过渡效果。羽化可以通过以下两方面进行设置。

（1）选区已经存在

在选区已经存在的情况下可以通过执行【选择】菜单—【修改】—【羽化】命令，为已经创建好的选区添加羽化效果，在弹出的羽化选区对话框中，输入"羽化半径"值，然后单击"确定"按钮即可。

（2）选区没建立时

在选区绘制前，先设置选择工具属性栏中的羽化属性，这样可以在创建选区的同时为选区添加羽化效果。

3. 图层

图层可以看作是一张张独立的透明纸，其中每一张透明纸上都绘制图像的一部分内容，将所有的透明纸按照一定的顺序叠加起来就可以得到完整的图像。图层是Photoshop的核心功能之一，图层的使用也是图像编辑的基础。图层包含背景图层、普通图层、文字图层、形状图层及调整图层等各种类型，这里我们重点介绍背景图层及普通图层。图层主要通过图层面板及图层菜单进行管理，背景图层及普通图层在图层面板中的位置及状态如图2-25所示。

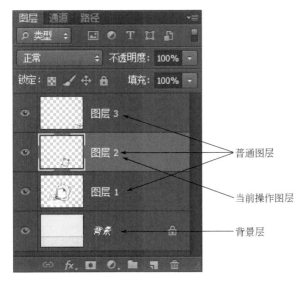

背景层：它是一种特殊的图层，位于最底层，一个图像文件最多只能有一个背景层。

普通图层：是最基本的图层类型，可以存放图像及绘制的像素，可以实现混合、变换等各类编辑功能。

当前操作图层：当前操作图层只能有一个，鼠标左键单击哪个层，那个层就成为当前操作图层，当前操作图层以突出颜色显示。

图2-25 图层面板

4. 正片叠底混合模式

设置图层混合模式下拉列表框如图2-26所示。主要用来设置当前层与其下面图层的颜色混合模式，包含很多类型，本任务重点介绍正片叠底模式。

正片叠底是常用的混合模式之一，当前层对底层颜色进行正片叠底处理时，这样混合产生的颜色总是比原来的颜色要暗。如果和黑色发生正片叠底的话，产生的就只有黑色。而与白色混合不会对原来的颜色产生任何影响，与除黑色或白色以外的颜色作用时，则产生逐渐变暗的颜色。因此在进行图像合成时，常用"正片叠底"来添加阴影或保留图像中的深色部分。

图2-26 图层混合模式下拉菜单

5. 橡皮擦工具

橡皮擦工具在图像中涂抹时，如果当前操作图层为背景图层则涂抹后的颜色默认为工具箱中的背景色；如果擦除的是普通图层的像素，则被擦掉的区域变为透明区域。橡皮擦工具属性栏如图2-27所示。

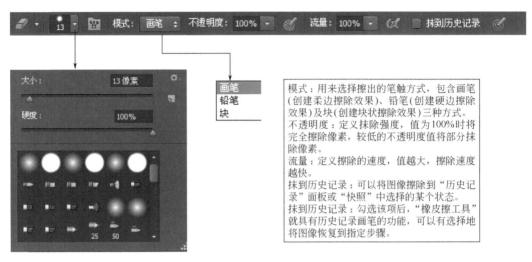

模式：用来选择擦出的笔触方式，包含画笔（创建柔边擦除效果）、铅笔（创建硬边擦除效果）及块（创建块状擦除效果）三种方式。
不透明度：定义抹除强度，值为100%时将完全擦除像素，较低的不透明度值将部分抹除像素。
流量：定义擦除的速度，值越大，擦除速度越快。
抹到历史记录：可以将图像擦除到"历史记录"面板或"快照"中选择的某个状态。
抹到历史记录：勾选该项后，"橡皮擦工具"就具有历史记录画笔的功能，可以有选择地将图像恢复到指定步骤。

图2-27 橡皮擦工具属性栏

✧ 任务实现

① 按下【Ctrl+O】快捷键，打开"任务1"中制作如图2-28所示的素材图像。

② 选择【工具面板】中的【缩放工具】🔍，单击缩放工具属性栏中的"填充屏幕"按钮，使图像填充整个图像窗口。

③ 选择【工具面板】中的【多边形套索工具】💋，在眉毛周围绘制出一个多边形选择区域，如图2-29所示。

图2-28 素材图片

图2-29 多边形选择区域

④ 执行【选择】菜单—【修改】—【羽化】命令，弹出如图2-30所示的"羽化选区"对话框，设置"羽化半径"值，这里设置的参考参数为4像素。设置好参数，单击"确定"按钮。

⑤ 按下【Ctrl+C】快捷键，复制选区内容到剪切板。然后按下【Ctrl+V】快捷键，得到图层1。图层面板状态如图2-31所示。

图2-30 "羽化选区"对话框

图2-31 图层面板状态

⑥ 单击图层面板中"设置图层的混合模式"按钮 正常 ⬛，在弹出的如图2-32所示的下拉菜单中选择"正片叠底"选项，图像眉毛变化与图层面板状态如图2-33所示。

图2-32 "设置图层的混合模式"下拉菜单

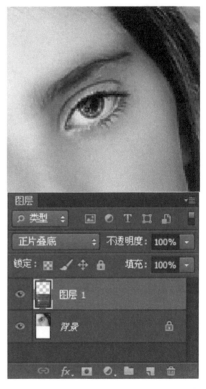

图2-33 图像眉毛变化与图层面板状态

⑦ 选择【工具面板】中的【橡皮擦工具】 ▨，不断变换笔头大小，将眉毛边缘多余区域擦除。擦除效果如图2-34所示。

⑧ 选择【工具面板】中的【多边形套索工具】 ▨，在左侧眉毛周围绘制出一个多边形选择区域，然后执行【选择】菜单—【修改】—【羽化】命令，参数设置与选区状态如图2-35所示。

⑨ 单击图层面板中的"背景层"，使"背景层"成为当前操作图层，图层面板状态如图2-36所示。

⑩ 按下【Ctrl+J】键，将选区内的像素复制生成图层2，图层面板状态如图2-37所示。

图2-34 擦除效果

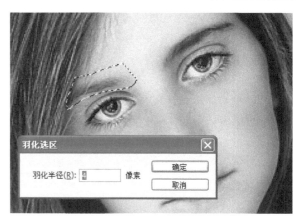

图2-35 羽化参数设置与选区状态

图2-36 "图层面板"状态

图2-37 生成图层2后"图层面板"状态

⑪ 单击图层面板中"设置图层的混合模式"按钮 正常 ，在弹出的下拉菜单中选择"正片叠底"选项。

⑫ 选择【工具面板】中的【橡皮擦工具】，不断变换笔头大小，将眉毛边缘多余区域擦除。最终擦除效果如图2-38所示。

图2-38 眉毛加深效果

⑬ 执行【文件】菜单—【存储为】命令，存储调整后的图像。

任务3　变化嘴唇颜色

◇ 先睹为快

本任务效果如图2-39所示。

图2-39　嘴唇颜色变化前后对比效果

◇ 技能要点

磁性套索工具
新建图层
"颜色"模式

◇ 知识与技能详解

1. 磁性套索工具

磁性套索工具 用于创建精确的选择区域，系统会根据鼠标拖动出的选区边缘的色彩对比度来调整选取的情况。在图像边缘上单击鼠标，沿着边缘拖动，无需按住鼠标左键，选区自动沿着图像的边缘创建，回到起始点后，光标右下角会出现一个小圆圈，单击起点即可形成封闭的选区。磁性套索工具适用于边缘复杂，但与背景对比度反差大的情况。磁性套索工具属性栏如图2-40所示。

图2-40　磁性套索工具属性栏

① 宽度：取值范围为1～256像素。确定移动光标靠近边缘的程度，以便能准确看清图像的元素，数值越大，越适用于平滑的元素，但对于勾画比较狭窄的地方时，此值就需要低

一些，以便于精确勾画。

② 对比度：取值范围为1% ～ 100%，用来控制磁性套索工具对图像边缘的灵敏度。输入高值，磁性套索工具可以识别具有高对比度的边缘，输入低值，可以检测低的对比度边缘。

③ 频率：取值范围为0 ～ 100。设置磁性套索工具关键连接点的出现频率，它的值越大，增加的关键点越多。高值适用于弯曲程度较高的边缘，而低值适用于弯曲程度较低的边缘。

④ 绘图板压力 ✍ ：该选项在属性栏的最右边，可以使用绘图板压力来更改笔的宽度，只有使用绘图板绘图时才有效。

✍ 提示 ⚯

磁性套索工具拖动鼠标绘制选区时，按下Delete键可删除当前添加的关键点，沿着刚绘制的选区回退，松开Delete键后可以继续向下绘制；按下CapsLock键，鼠标指针将变成十字形，可以更精确地绘制选区；按下Esc键，可以取消选区；按下空格键，鼠标变成手掌形状，在较大的图像中可以用手掌移动图像，当松开空格键后，鼠标恢复成套索工具，并且保持先前的绘制状态，可以接着继续勾画下去；按下鼠标左键可以增加关键点。

2．新建图层

图层管理可以通过图层面板或图层菜单实现，新建图层，是指建立一个不包含任何像素的透明层。可以通过以下几种方法新建图层。

① 【图层】菜单—【新建】—【图层】。

② 【Shift+Ctrl+N】快捷键。

③ 单击图层面板下方的【创建新图层】按钮，如图2-41所示。

④ 单击图层面板右侧的控制菜单中的【新建图层】选项，如图2-42所示。

图2-41 "创建新图层"按钮位置

图2-42 图层面板控制菜单

3．颜色混合模式

当前层对底层进行颜色混合模式处理时，可将当前图层的色相和饱和度应用到底层图像中，并保持底层图像的亮度。用基色的亮度以及混合色的色相和饱和度创建结果色。这样可以保留图像中的灰色调，颜色模式对于给单色图像上色和彩色图像换色都非常有用。

◆ **任务实现**

① 按下【Ctrl+O】快捷键，打开"任务2"中制作的如图2-43所示的素材图像。

② 选择【工具面板】中的【缩放工具】🔍，单击缩放工具属性栏中的"填充屏幕"按钮，使图像填充整个图像窗口。

③ 选择【工具面板】中的【磁性套索工具】🔾，拖曳鼠标左键在上嘴唇周围绘制出一个如图2-44所示的选择区域。

图2-43　素材图片

图2-44　建立的选择区域

④ 单击如图2-45所示"磁性套索工具"属性栏中的"添加到选区"选项，在嘴唇下方添加一个如图2-46所示的选择区域。

图2-45　"磁性套索工具"属性栏

⑤ 执行【选择】菜单—【修改】—【羽化】命令，设置羽化参数为1像素。

⑥ 单击【工具面板】中的【设置前景色图标】▉，打开如图2-47所示的"拾色器"对话框，在"颜色选择区"中选择一种要更换的嘴唇颜色，本任务选择了"粉色"，单击确定按钮，设置前景色色标的颜色变成粉色。

图2-46　添加到选区状态

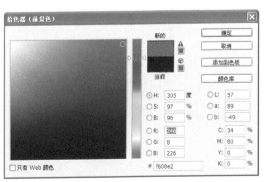

图2-47　"拾色器"对话框

⑦ 按下【Shift+Ctrl+N】快捷键，新建图层1，图层面板状态如图2-48所示。

⑧ 按下【Alt+Delete】快捷键，用设置好的前景色填充选择区域。

⑨ 单击图层面板中"设置图层的混合模式"按钮 正常，在弹出的下拉菜单中选择"颜色"选项，图像嘴唇颜色变化与图层面板状态如图2-49所示。

图2-48　新建图层面板状态　　　　图2-49　设置图层样式图像嘴唇颜色变化与图层面板状态

⑩ 按下【Ctrl+D】键，取消当前的选择区域。

⑪ 执行【文件】菜单—【存储为】命令，存储调整后的图像。

任务4　换脸

◇ 先睹为快

本任务效果如图2-50所示。

图2-50　换脸前后对比效果

❖ 技能要点

套索工具
移动工具
缩放命令
旋转命令
亮度/对比度

❖ 知识与技能详解

1. 套索工具

套索工具可以创建不规则的选区，选中套索工具 ，通过按下鼠标左键并拖曳来创建任意形状的选择区域。在拖曳过程中如果没有返回到选区的起始点，系统会自动在起点与终点之间连接起一条直线来封闭选区。未释放鼠标前按【Esc】键，可以取消之前的绘制。套索工具属性栏如图2-51所示。

图2-51 套索工具属性栏

2. 移动工具

移动工具是Photoshop图像处理操作中使用最频繁的工具。利用它可以在当前文件中改变图像的位置或复制图像，也可以将图像由当前文件复制到另一个文件中，还可以对其进行变换、排列、对齐与分布等操作。将鼠标指针放在要移动的图像内拖曳，即可移动图像的位置。其属性栏如图2-52所示。

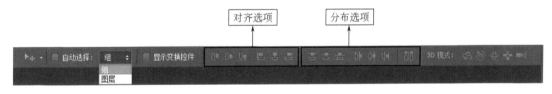

图2-52 移动工具属性栏

📝 **提示**

在移动图像时，按住Shift键，可以确保图像在水平、垂直或45°的倍数方向上移动；按住Alt键，可以使图像产生复制功能，如果无选区时，在移动复制的同时会产生新的图层，有选区时，复制像素时不会产生新的图层；默认情况下，属性栏中只有自动选择选项和显示变换控件可以使用，右侧的其他按钮只有在满足一定条件下才可以使用。

📝 **提示**

选择"移动工具"时，每按一下【→】、【←】、【↑】、【↓】方向键，便可以将对像移动一个像素距离；如果按住【Shift】键的同时按方向键，则图像每次可以移动10个像素的距离。

① 自动选择：当勾选"自动选择"复选框时，在移动图像时将自动选择图层或组。

● 选择"组"选项：当移动像素时，会同时移动该像素所在的图层组。
● 选择"图层"选项：移动图像时，将移动图像中当前鼠标所在位置上的第一个可见像素所在的图层。

✎ 提示

按住【Ctrl】键不放，在画布中单击某个元素，可以快速选择该元素所在的图层。

② 显示变换控件：当勾选此选项时，在移动像素时，会自动为像素所在图层添加一个变换框，可以通过变换框为图像实现缩放、旋转、透视等功能。

③ "对齐"和"分布"选项：在选择多个图层时，"对齐"和"分布"选项才可用，使每个层按照所选规则排列。

3. 缩放命令

执行缩放命令时，可以为当前图层像素添加一个如图2-53所示的变换框，变换框4个角上的点被称为"变换框角点"，4条边中间的点称为"变换框边点"，通过拖曳变换框上的点可以改变所选图层像素的大小。按住【Shift】键不放，鼠标左键拖曳"变换框角点"，即可等比例缩放所选图层像素。按住【Alt+Shift】键不放，鼠标左键拖曳"变换框角点"，即可以中心点等比例缩放所选图层像素（中心点位置可以移动到任意位置）。

4. 旋转命令

执行此命令时，可以为图像添加一个变换框，鼠标放在变换框外部，当光标显示为双向箭头↰时，拖曳鼠标可以旋转图像，旋转是以变换中心点为圆心进行旋转（中心点可以根据需要移动），如图2-54所示。按住Shift可以使变换框以15°角的倍数旋转图像。

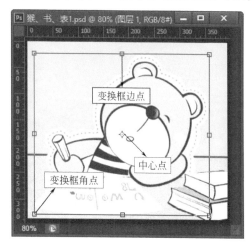

图2-53　变换框效果

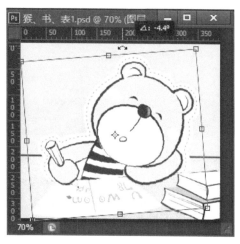

图2-54　旋转过程

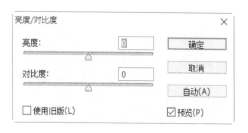

图2-55　"亮度/对比度"对话框及参数说明

5. 亮度/对比度

"亮度/对比度"是调整菜单中的一个命令，主要用于调整图像的亮度和对比度，在调整时，只能对图像进行整体调整，对单个通道不起作用，并且是对图像中的每个像素都进行相同的调整。可以通过【图像】菜单—【调整】—【亮度/对比度】方式打开，其对话框如图2-55所示。

● 亮度：拖动滑块或者在右侧的文本框中输入数值，可以调整图像的亮度，取值范围为−150～150。当值为0时，图像亮度不发生变化；当向负值调整时，降低图像的亮度；当向正值调整时，增加图像的亮度。

● 对比度：拖动滑块或者在右侧的文本框中输入数值，可以调整图像的对比度，取值范围为−50～100。当值为0时，图像对比度不发生变化；当向负值调整时，降低图像的对比度；当向正值调整时，增加图像的对比度。

使用旧版：如果选择该项，则可以得到与Photoshop CS3以前的版本相同的调整结果（即进行线性调整）。亮度与对比度的取值范围都变为−100～100。

◇ **任务实现**

① 执行【文件】菜单—【打开】命令，打开如图2-56所示的两张素材图片，单击右侧"素材2"名称的图片，使其成为当前操作图像。

图2-56　素材图片

② 选择【工具面板】中的【套索工具】，建立右侧人物脸部的选择区域。选区位置如图2-57所示。

③ 选择【工具面板】中的【移动工具】，移动选区中的像素到左侧素材人物图像中，并生成图层1，效果如图2-58所示。

④ 单击【图层面板】中的【不透明度】选项，如图2-59所示，使图层1的不透明度降低到50%左右。

⑤ 执行【编辑】菜单—【变换】—【旋转】命令，为图层添加如图2-60所示的旋转框，鼠标移动到旋转框外，鼠标形状变成双向箭头，拖曳鼠标左键旋转图像，旋转效果如图2-61所示。按【Enter】键，确认旋转变换。

⑥ 执行【编辑】菜单—【变换】—【缩放】命令，鼠标移动到四个角点中的任意一个，鼠标形状变成双向箭头，拖曳鼠标左键缩放图像，鼠标指针放入变换框内，拖曳鼠标左键移动图像，使其与底图中人物脸部位置与大小都适中，缩放移动效果如图2-62所示。按【Enter】键，确认缩放变换。

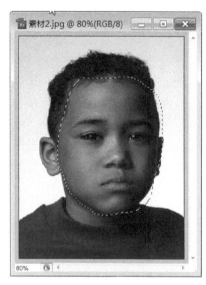

图2-57　选区建立效果

图2-58　移动效果

图2-59　图层面板状态

图2-60　添加变换框效果

图2-61　旋转效果

图2-62　缩放移动效果

图2-63　擦除效果

图2-64　恢复透明度后擦除效果

⑦ 选择【工具面板】中的【橡皮擦工具】 ，不断变换笔头大小，将图层1脸部多余区域擦除。擦除效果如图2-63所示。

⑧ 恢复图层1的不透明度到100%，继续使用橡皮工具擦除边缘区域，擦除效果如图2-64所示。

⑨ 执行【图像】菜单—【调整】—【亮度/对比度】命令，打开如图2-65所示的"亮度/对比度"对话框。调整亮度与对比度，使其与底层图像亮度相匹配，效果如图2-66所示。

⑩ 选择【工具面板】中的【橡皮擦工具】 ，继续擦除眉毛上方颜色较深的区域，最终效果如图2-67所示。

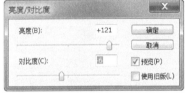

图2-65 "亮度/对比度"对话框　　图2-66 "亮度/对比度"调整效果　　图2-67 最终效果

任务5 换头像

✦ 先睹为快

本任务效果如图2-68所示。

图2-68 换头像前后效果对比图

✦ 技能要点

魔术棒工具

复制图层

✧ 知识与技能详解

1. 魔棒工具

魔棒工具 ![icon] 通过鼠标单击，即可使与单击点颜色相近的像素区域作为选区浮动。魔棒工具属性栏如图2-69所示。

![toolbar] 取样大小：取样点 ▾ 容差：32 ☑消除锯齿 ☑连续 □对所有图层取样 调整边缘...

图2-69 魔棒工具属性栏

● 容差：该属性值取值范围为0~255，用来控制选取的颜色范围，容差值越大，选取的颜色范围就越多，选区就越大。容差值为10和80的选区状态对比如图2-70所示。

● 连续：选择此项时，系统只把与单击点相连通的在容差范围内的颜色区域作为选区浮动；如果没有选择此项，则会将整个图像中与单击点颜色相近的区域作为选区。如图2-71所示，分别为选择连续和不选择连续时建立的选区的状态。

图2-70 容差值为10和80的选区状态对比图 　　图2-71 连续选项是否选中的选区状态对比图

2. 复制图层

复制图层是指可以对Photoshop CS6图层进行复制，创建一个图层副本。也可以将当前图层内容复制到其他Photoshop CS6图像中使用。

● 在"图层面板"中选中要复制的图层，将其拖曳到"创建新图层"按钮上可以复制图层，如图2-72所示。

● 在要复制的图层上单击鼠标右键，在弹出的快捷菜单中选择复制图层命令，如图2-73所示。

图2-72 鼠标拖曳复制图层方法 　　图2-73 图层面板菜单复制图层方法

- 通过【图层】菜单—【复制图层】方法。
- 单击图层面板右侧的控制菜单中的【复制图层】选项。
- 按【Ctrl+J】快捷键可复制当前所选图层。
- 在"移动工具"选中状态下,按住【Alt】键不放,鼠标左键拖曳像素即可复制像素所在的图层。

3. 显示与隐藏图层

在"图层"面板中,图层前面的眼睛图标用来控制图层的可见性,如果要隐藏一个图层,可以单击图层名称前的眼睛图标,如图2-74所示,隐藏效果如图2-75所示。按住【Alt】键,单击图层名称前的眼睛图标,可以隐藏除当前层之外的所有层,如按住【Alt】键单击"图层1"前的眼睛图标时图层面板前后效果如图2-76所示。

图2-74 图层面板状态　　图2-75 隐藏一个图层效果　　图2-76 隐藏除当前层之外层效果

✧ **任务实现**

① 执行【文件】菜单—【打开】命令,打开如图2-77所示的名称为"换头像"的素材文件。

② 选择【工具面板】中的【套索工具】,建立包含左则人物头像的任意选择区域。选区位置如图2-78所示。

图2-77 换头像素材图　　　　图2-78 选区位置

③ 按下【Ctrl+J】快捷键,将背景图层选区中的像素复制得到图层1。

④ 选择【工具面板】中的【移动工具】,移动图层1中的像素到中间人物位置,效果如图2-79所示。

⑤ 鼠标左键单击如图2-80所示的图层面板中的背景层的眼睛图标将背景图层隐藏,隐藏效果如图2-81所示。

⑥ 选择【工具面板】中的【魔术棒工具】,其属性栏如图2-82所示。在图层1的白色区域单击鼠标左键,建立如图2-83所示的选择区域。

图2-79　移动效果

图2-80　图层面板

图2-81　隐藏效果

图2-82　魔术棒工具属性栏

⑦ 单击【魔术棒工具】工具属性栏添加到【选区】 选项，在衣领位置继续单击鼠标左键，尽量选择非头部位置的选择区域。所建立的选择区域如图2-84所示。

图2-83　选区建立效果　　　　　　　　　图2-84　添加到选区效果

⑧ 按下【Shift+F6】键，在弹出的如图2-85所示的"羽化选区"对话框中将将羽化半径设置为1像素，然后按【Delete】键删除选区内的像素，删除效果如图2-86所示。

图2-85　"羽化选区"对话框　　　　　　　图2-86　删除效果

⑨ 按下【Ctrl+D】键，取消当前选择区域。

⑩ 选择【工具面板】中的【放大工具】 ，单击属性栏中的【填充屏幕】属性，将图像填充整个窗口。

⑪ 选择【工具面板】中的【橡皮擦工具】 将非头部像素区域更好的擦除。擦除效果及图层面板状态如图2-87所示。

⑫ 单击图层面板中背景层前方的"指示图层可见性" 图标，显示背景层像素，显示效果如图2-88所示。

图2-87 擦除效果及图层面板状态

图2-88 背景层显示效果

⑬ 执行【编辑】菜单—【变换】—【旋转】命令，为图层添加如图2-89所示的旋转框，鼠标移动到旋转框外转，鼠标形状变成双向箭头移动旋转框如图2-90所示。

图2-89 擦除效果

图2-90 调整效果

⑭ 鼠标移动到旋转框内时，鼠标形状变成箭头形状如图2-91所示，拖曳鼠标左键可以移动图像，使复制得到的左侧人物头像与中间人物头像对齐。按下【Enter】键，确认变换。旋转移动效果如图2-92所示。

图2-91 旋转移动过程

图2-92 旋转移动效果

⑮ 选择【工具面板】中的【多边形套索工具】建立如图2-93所示的选择区域。

⑯ 鼠标左键单击背景层，使背景层成为当前操作图层。按【Delete】键打开"填充"对话框，在使用后面的下拉菜单中选择"白色"选项，如图2-94所示。

图2-93　建立选区状态

图2-94　"填充"对话框

⑰ 单击确定按钮，按【Ctrl+D】键取消选择区域，删除效果如图2-95所示。图层面板状态如图2-96所示。

图2-95　删除效果

图2-96　图层面板状态

⑱ 鼠标左键拖曳图层面板中的图层1到"新建图层"按钮上，如图2-97所示，复制图层1生成图层1副本，图层面板状态如图2-98所示。

图2-97　复制图层过程

图2-98　图层面板状态

⑲ 选择【工具面板】中的【移动工具】，移动图层1副本中的像素到右侧人物位置，效果如图2-99所示。

⑳ 采用上述相同的办法替换右侧人物头像，替换后效果如图2-100所示，图层面板状态如图2-101所示。

图2-99 像素移动效果

图2-100 图像最终处理效果

图2-101 图层面板状态

㉑执行【文件】菜单—【存储为】命令，存储调整后的图像。

◇ 项目总结和评价

通过本项目的学习，学生对人物五官的美化有了新的了解，能极大提高学生的学习兴趣，通过学习学生掌握了套索工具组的具体使用方法和使用技巧，初步了解了图层的概念及作用，为今后的学习和操作打下了基础，但是仍需要学生在课后多练、多思考，才能更熟练地使用Photoshop软件完成我们要完成的功能。

思考与练习

1. 选择题

（1）在Photoshop中，取消当前选区的快捷键是什么？

（2）"魔棒工具"属性栏中"连续的"属性功能的作用是什么？

2. 操作练习

在网络中找一张明星照，将自己的头像用明星照替换。

项目 3

卡通图案制作

✎ **项目目标**

通过本项目的学习和实施，需要理解、掌握和熟练下列知识点和技能点：

掌握椭圆选框工具、矩形选框工具的使用方法和技巧；

掌握描边命令的使用方法和技巧；

掌握图层排列、图层合并的使用方法和技巧；

掌握水平翻转和垂直翻转的使用方法和技巧；

掌握参考线的使用方法和技巧。

✎ **项目描述**

卡通图案以直观性、可爱性及夸张变形的特点，使其作为设计元素在很多领域都有广泛的应用，卡通图案可以用来装饰画面，制作贺卡，在服装领域也有广泛的应用，如在童装设计中就有大嘴猴、米老鼠、kitty猫等很多卡通图案的身影，卡通图案制作是众多Photoshop效果中比较简单的绘图方法。在制作卡通图案时要求制作人有一定的颜色、立体以及优美的线条感。

任务1　卡通边框制作

✧ 先睹为快

本任务效果如图3-1所示。

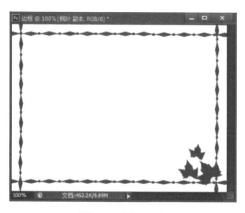

图3-1　边框效果

✧ 技能要点

选框工具组
油漆桶
变换选区

✧ 知识与技能详解

1. 选框工具组

选项工具组可以在图像或图层中绘制规则形状的选区，或选取规则范围的图像。它包含矩形、椭圆、单行、单列选框工具四个工具。

（1）椭圆选框工具

椭圆选框工具是常用的选框工具之一，在"矩形选框工具"上单击鼠标右键，弹出如图3-2所示的选框工具组，选中"椭圆选框工具"，按住鼠标左键并在画布中拖曳即可绘制如图3-3所示的椭圆选区。"椭圆选框工具"的属性栏如图3-4所示。

图3-2　选框工具组　　　　　　　　　图3-3　椭圆选区

图3-4　"椭圆选框工具"属性栏

样式："椭圆选框工具"的"样式"包括"正常""固定比例"和"固定大小"3种形式。

① 正常：默认选择方式，拖曳鼠标可以创建任意大小的椭圆选区。

② 固定比例：选择该选项后，可以在后面的"宽度"和"高度"文本框中输入具体的宽高比例，拖曳鼠标左键绘制椭圆选框时，椭圆选框将自动符合该宽高比。

③ 固定大小：选择该选项后，可以在后面的"宽度"和"高度"文本框中输入具体的宽高数值，鼠标左键单击即可创建指定尺寸的椭圆选框。

✎ 提示

按住【Shift】键的同时拖曳鼠标左键，可以绘制一个圆选区；按住【Alt】的同时拖曳鼠标左键可以绘制一个以鼠标起点为中心的椭圆选区；按住【Alt+Shift】组合键的同时拖曳鼠标左键可以绘制一个以鼠标起点为中心的正圆选区；使用【Shift+M】键可以在"矩形选框工具"和"椭圆选框工具"之间快速切换。

（2）矩形选框工具

矩形选框工具常用来绘制一些形状规则的矩形选区，"矩形选框工具"的属性栏如图3-5所示，其属性与使用方法与椭圆选框工具栏基本相似，这里不再做具体介绍。

图3-5 "矩形选框工具"属性栏

提示

按住【Shift】键的同时拖曳鼠标左键，可以绘制一个正方形选区；按住【Alt】的同时拖曳鼠标左键可以绘制一个以鼠标起点为中心的矩形选区；按住【Alt+Shift】组合键的同时拖曳鼠标左键可以绘制一个以鼠标起点为中心的正方形选区。

（3）单行选框工具

单行选框工具可以创建一个宽度为1像素，高度与画布高度等高的横线选区，选择选框工具组中的单行选框工具，在图像窗口中的适当位置单击，即可创建一个如图3-6所示单行选区。

（4）单列选框工具

单列选框工具可以创建一个高度为1像素高，宽度与画布等宽的的竖线选区，选择工具箱中的单列选框工具，在图像窗口中的适当位置单击，即可创建一个如图3-7所示单列选区。

图3-6 单行选区效果

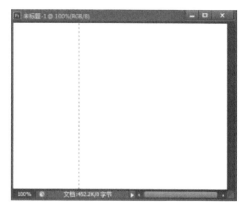

图3-7 单列选区效果

2. 油漆桶工具

（1）油漆桶的基本属性

使用油漆桶工具可以对制定色差范围内的色彩区域填充颜色或图案。单击工具箱中的油漆桶工具。反复执行【Shift+G】组合键，可以使油漆桶和渐变填充互相切换，在这里重点介绍油漆桶工具的使用方法，油漆桶工具的属性栏如图3-8所示。

- 设置填充区域的源下拉列表框：从中可以选择前景色或图案进行填充。
- 图案下拉列表框：从中可以选择定义好的图案。
- 模式：用于选择填充的模式。
- 不透明度：用于设计填充的不透明度。
- 容差：用于设置色差的范围，数值越小，容差越小，填充的区域也越小。
- 消除锯齿：用于消除边缘锯齿。
- 连续的：用于设置填充方式。未选中连续的与选中连续的效果对比，如图3-9所示。
- 所有图层：用于选择是否对所有可见图层进行填充。

图3-8　油漆桶属性栏

未选中【连续的】

选中【连续的】

图3-9　连续效果对比

（2）油漆桶工具的具体操作

① 选择工具栏中的油漆桶工具，在选项栏中设置填充区域的源下拉列表框中选择图案选项，在图案下拉列表框中选择一种图案，如图3-10所示。

图3-10　设置油漆桶工具参数

② 打开一张图片，如图3-11所示。将鼠标指针移动至图像中的地面区域上单击，此时所有与该颜色相同或相近的区域都被填充了图案，效果如图3-12所示。

③ 在选项栏中的设置填充区域的源下拉列表框中选择前景选项，将前景色设为浅黄色，

在图像中山体区域单击，此时，与山体区域颜色相同或相近的区域都被填充了前景色，效果如图3-13所示。

图3-11　打开的图像　　　　图3-12　填充图案效果　　　　图3-13　填充前景色

📝 **提示**

按【Ctrl】+【Delete】组合键，可以用背景色填充选区或图层。

📝 **提示**

按【Alt】+【Delete】组合键，可以用前景色填充选区或图层。

3. 图层的重命名

在Photoshop中，新建图层时，默认名称为"图层1""图层2"…"图层n"。为了便于图层的管理，经常需要对图层进行重命名，执行【图层】菜单—【重命名图层】命令（或直接双击图层面板中如图3-14所示的图层名称位置），图层名称进入如图3-15所示的可编辑状态，此时输入需要的名称即可。

图3-14　图层命名时双击位置　　　　图3-15　图层命名时可编辑状态

4. 选区的移动与变换

选区的编辑包括选区的移动、增减、收展、羽化，以及Photoshop CS6选择菜单中其他命令的使用。

（1）选区的移动

移动选区的方法有很多种，下面介绍几种常用移动选区的方法。

① 用鼠标移动选区。当在图像中创建矩形选区，在选区属性栏中新选区按钮选择状态下，将鼠标指针移动至选区内，指针就会变成如图3-16所示的移动选区形状，此时拖动鼠标左键，将选区拖到其他位置后，释放鼠标左键，即可完成选区的移动，移动效果如图3-17所示。

图3-16 鼠标放入选区移动选区时

图3-17 使用鼠标移动选区效果

② 使用空格键移动选区。使用选框工具，在图像窗口中绘制椭圆选区，如图3-18所示，在释放鼠标左键之前，按住空格键并拖动鼠标，即可移动选区，移动过程如图3-19所示。

图3-18 绘制椭圆选区

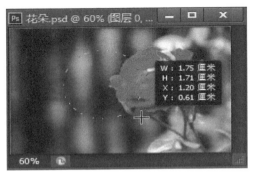

图3-19 使用空格键移动选区过程

③ 使用方向键移动选区。在图像窗口绘制选区后，新选区按钮选择状态下，按向右→方向键，可将选区水平向右移动1像素；按向左←方向键，可将选区水平向左移动1像素；按向上↑方向键，可将选区垂直向上移动1像素；按向下↓方向键，可将选区垂直向下移动1像素。

在图像窗口中绘制选区后，按【Shift】+向右→方向键，可将选区水平向右移动10像素；按【Shift】+向左←方向键，可将选区水平向左移动10像素；按【Shift】+向上↑方向键，可将选区垂直向上移动10像素；按【Shift】+向下↓方向键，可将选区垂直向下移动10像素。

（2）选区的变换

使用变换选区命令可以对选区进行缩放、旋转、扭曲等操作。在图像中创建一个矩形选区，执行【选择】菜单—【变换选区】命令，使选区周围出现控制手柄，将鼠标移动至控制手柄上，当鼠标指针变为如图3-20所示双向箭头形状时，拖动控制手柄，可以对选区进行缩放；按住【Shift】键拖动4个顶点上的控制手柄，可以对选区进行等比例缩放，按住

图3-20 缩放选区

【Alt+Shift】组合键，可以对选区进行以中心点为中心的等比例缩放。

将鼠标指针移动至控制框外侧，当鼠标指针变为如图3-21所示的形状时，拖动控制手柄，可以对选区进行自动旋转，按住【Ctrl】键的同时，分别拖动控制框上的任意控制手柄，可以对选区进行扭曲变形，如图3-22所示。

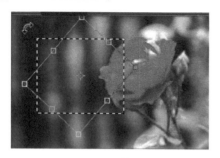

图3-21　旋转选区

图3-22　扭曲选区

◇ 任务实现

①【文件】菜单—【新建】命令，弹出如图3-23所示的"新建"对话框，将"名称"命名为"边框"，单击"预设"下拉列表框，选择"默认Photoshop大小"，其他参数默认，单击"确定"按钮。

② 单击图层面板中的"新建图层"按钮，新建一个图层，重命名为"竖线"图层，选择"单列选框"工具，在图像左侧单击，创建一个单列选区如图3-24所示。

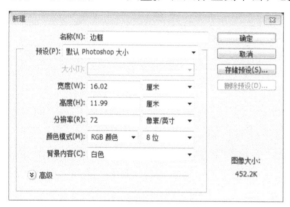

图3-23　新建对话框

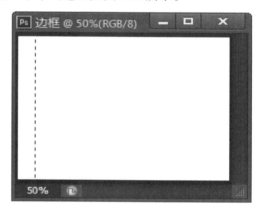

图3-24　单列选框工具

③ 将工具栏中的前景色设为褐色RGB（120，60，10），按【Alt+Delete】组合键，用前景色填充选区。按【Ctrl+D】组合键，取消选区后，效果如图3-25所示。

④ 选择"竖线"图层，拖拽至"新建图层"按钮上，松开鼠标，生成"竖线副本"图层。单击工具栏中的"移动"工具，按键盘上的向右→方向键，将该图层中的图像水平向右移动至如图3-26所示的位置。

⑤ 单击图层面板中的"新建图层"按钮，新建一个图层，重命名为"横线"图层，选择"单行选框"工具，在图像顶部单击创建一个单行选区。

⑥ 按【Alt+Delete】组合键，为其填充褐色。按【Ctrl+D】组合键，取消选区后，效果如图3-27所示。

⑦ 选择"竖线"图层，拖拽至"新建图层"按钮上，松开鼠标，生成"竖线副本"图层。单击工具栏中的"移动"工具，按键盘的向下↓方向键，将该图层中的图像垂直向下移动至如图3-28所示的位置。

⑧ 新建一个图层，将其命名为"圆形"图层，选择"椭圆选框"工具，按住【Alt+Shift】组合键，绘制一个如图3-29所示以竖线和横线的交点为圆心的正圆选区。

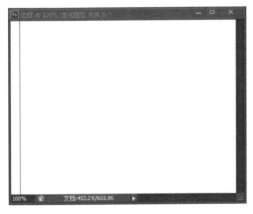

图3-25　竖线填充效果

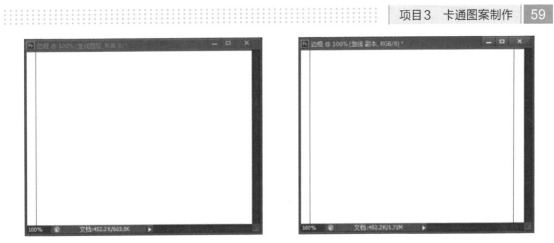

图3-26　竖线副本图层移动位置

图3-27　横线填充

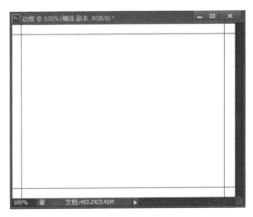

图3-28　横线副本图层移动位置

⑨ 执行【Alt+Delete】组合键，为其填充褐色。按【Ctrl+D】组合键，取消选区后，填充效果如图3-30所示。

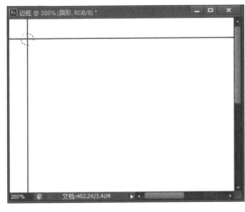

图3-29　圆形选区

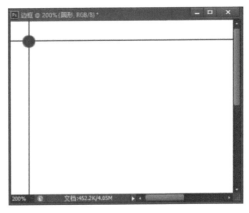

图3-30　圆形选区填充

⑩ 新建一个图层，将其重命名为"菱形"图层，选择"矩形选框"工具，在图像中的适当位置绘制一个如图3-31所示的正方形选区。

⑪ 执行【选择】—【变换选区】命令，选区周围出现控制手柄，在属性栏中，设置旋转角度为45°，将菱形选区旋转45°，旋转效果如图3-32所示。

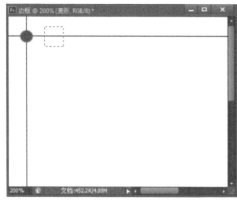

图3-31　正方形选区

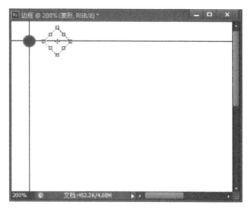

图3-32　选区旋转效果

⑫ 将鼠标放在控制手柄的边缘，按住【Alt】键，同时将选区在水平方向拉伸，在垂直方向挤压，当调整选区到适当大小时，按Enter键确认操作，选区变换效果如图3-33所示。

⑬ 按【Alt+Delete】组合键，为其填充褐色。按【Ctrl+D】组合键，取消选区后，填充效果如图3-34所示。

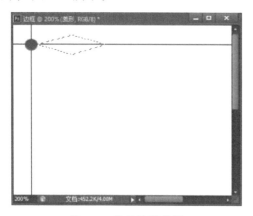

图3-33　拉伸选区效果

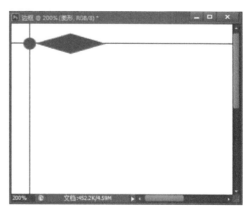

图3-34　菱形选区填充效果

⑭ 在图层面板中，选中"圆形"图层，按住【Ctrl】键同时单击"菱形"图层，同时选择"圆形"和"菱形"两个图层，将它们拖拽至"新建图层"按钮 上，多次进行复制，并调整其位置，复制并移动效果如图3-35所示。

⑮ 按住【Ctrl】键，依次单击"菱形"和"圆形"图层以及其副本图层，将单击的所有图层同时选中，单击鼠标右键，在出现的菜单中选择【合并图层】命令，将合并后的图层命名为"上条"图层，然后将该图层复制，将复制生成的图层命名为"下条"，选择工具栏中的【移动】工具 ，按键盘中的向下↓方向键，将其垂直向下移动至如图3-36所示的位置。

⑯ 复制"下条"图层，将生成的图层重命名为"左条"图层，按【Crtl+T】组合键，在变换选区属性栏中，设置旋转角度为90°，按【Enter】键确认，选择工具栏中的【移动】工具 将其移动到如图3-37所示的位置。

⑰ 将"左条"图层复制，将生成的图层重命名为"右条"图层，将其水平向右移动至如图3-38所示的位置。

⑱ 新建一个图层，将其命名为"枫叶"图层，按【Ctrl+O】组合键，打开素材中的"枫叶"图像，素材效果如图3-39所示。

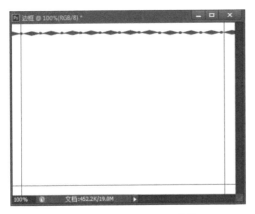

图3-35 复制并移动图层的效果

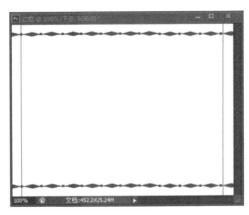

图3-36 垂直向下移动图层的效果

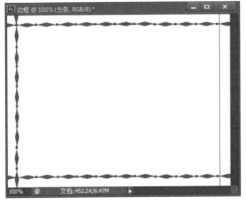

图3-37 复制并移动左侧条状图案位置

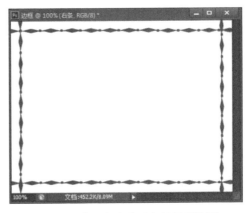

图3-38 水平向右移动条状图案位置

⑲ 选择【魔棒】工具，在属性栏中设置各选项为默认，在图像中的白色背景上单击，将白色背景完全选中，选区状态如图3-40所示。

⑳ 执行【Ctrl+Shift+I】反选快捷键，选中枫叶选区，效果如图3-41所示。

图3-39 枫叶图像

图3-40 魔棒建立选区效果

图3-41 选中枫叶选区状态

㉑ 将"枫叶"图像中的选区拖到"边框"文档中，如图3-42所示。

㉒ 单击【选择】菜单—【变换选区】命令，对选区进行缩放和移动，按【Enter】键确认，效果如图3-43所示。

㉓ 按【Alt+Delete】组合键，为其填充褐色。按【Ctrl+D】组合键，取消选区后，图像效果如图3-44所示。

㉔ 将"枫叶"图层复制两次，分别调整其副本图层中的图像的位置、大小和旋转角度，最终效果如图3-45所示。

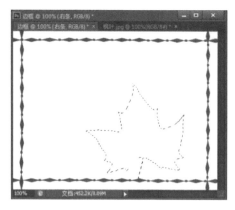

图3-42　枫叶选区

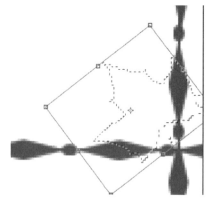

图3-43　调整枫叶选区大小

图3-44　填充枫叶选区效果

图3-45　复制并变换的枫叶效果

㉕ 执行【文件】菜单—【存储】命令，弹出"另存为"对话框，选择图像的存储路径，设置文件名称，单击"存储为"按钮，弹出"JPEG选项"对话框，设置好图像的品质与大小，单击"确定"按钮。

任务2　卡通相机制作

✧ 先睹为快

本任务效果如图3-46所示。

图3-46　相机效果

❖ 技能要点

选区编辑
油漆桶工具
图层排列

❖ 知识与技能详解

1. 选区的全选和反选

执行【选择】—【全选】命令，或按【Ctrl+A】组合键，可以将图像中的所有内容选中，即创建一个与图像尺寸完全相等的选区。当在图像中创建选区后，若需要把选区去除，可以单击选择、取消选择命令，或按【Ctrl+D】组合键取消选区。执行【选择】—【重新选择】命令，或按【Crtl+Shift+D】组合键，可以恢复刚取消的选区。

当在图像中创建选区后，执行【选择】—【反向】命令，或按【Crtl+Shift+I】组合键，可以将图像中选区反向选择。打开一张图像，在图像中创建一个椭圆形选区，如图3-47所示，执行【选择】—【反向】命令，选区进行反向选择，效果如图3-48所示。

图3-47　反向前的选区　　　　　　　　　　图3-48　反向选择的效果

2. 选区的修改

创建选区后，通过【选择】菜单中【修改】子菜单中的边界、平滑、扩展、收缩、羽化等命令改变选区的大小及形状，修改子菜单命令如图3-49所示。

（1）扩展选区

扩展命令用于扩大选区范围。打开一张图像，绘制一个如图3-50所示的选区，执行【选择】—【修改】—【扩展】命令，弹出扩展选区对话框，将扩展量设为40，如图3-51所示，单击确定按钮，选区效果如图3-52所示。

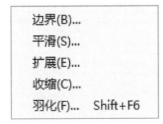 

图3-49　选区修改子菜单　　　　　　　　　图3-50　绘制椭圆选区效果

图3-51　扩展选区对话框

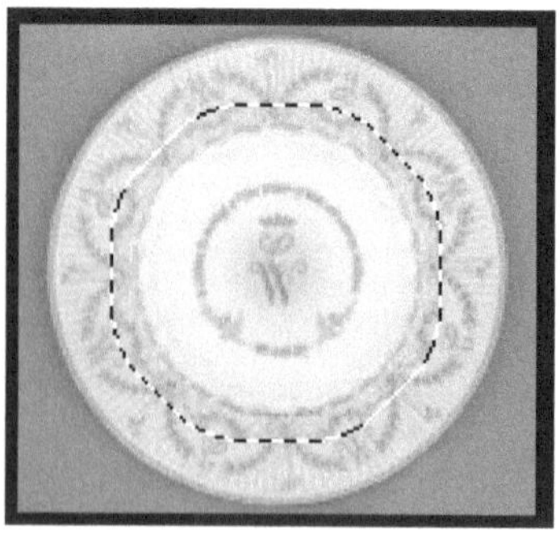

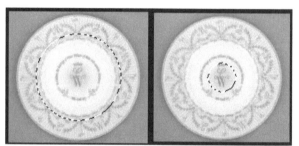

图3-52　扩展选区后的效果

（2）收缩选区

收缩命令用于缩小选区。打开一张图像，绘制一个椭圆选区，执行【选择】—【修改】—【收缩】命令，弹出如图3-53所示的收缩选区对话框，将收缩量设为60，单击确定按钮，选区收缩前后对比效果如图3-54所示。

图3-53　收缩选区对话框

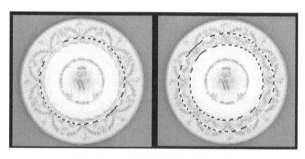

图3-54　收缩选区前后对比效果

（3）边界选区

边界命令用于建立选区的边界范围，打开一张图像，绘制一个椭圆选区，执行【选择】—【修改】—【边界】命令，弹出如图3-55所示的边界选区对话框，将宽度设为20，单击确定按钮，执行边界命令前后选区对比效果如图3-56所示，从图中可以看出，选区将分别向内和向外扩展10像素，生成了一个新的圆环选区。

图3-55　边界选区对话框

图3-56　边界选区前后对比效果

（4）平滑选区

平滑命令可以通过增加或减少选区边缘的像素来平滑选区边缘。打开一张图像，绘制一个矩形选区，执行【选择】—【修改】—【平滑】命令，弹出如图3-57所示的平滑选区对话框，将取样半径设为50，单击确定按钮，平滑选区前后对比效果如图3-58所示。

图3-57 平滑选区对话框

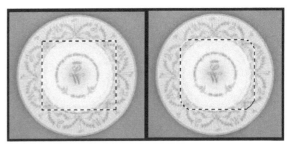

图3-58 平滑选区前后对比效果

3. 图层排列

在"图层"面板中，图层是按照创建的先后顺序排列的。将一个图层拖动到另外一个图层的上面（或下面），即可改变图层的排列顺序。改变图层顺序会影响图层的显示效果，如图3-59和图3-60所示。

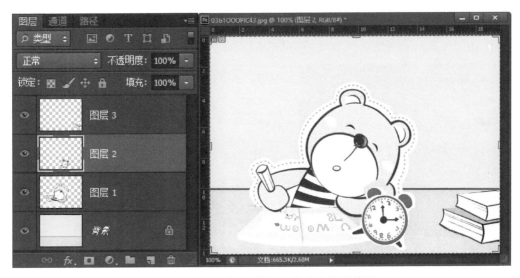

图3-59 "图层2"在"图层1"上方显示效果

图3-60 调整图层顺序后的显示效果

单击【图层】菜单—【排列】子菜单中的命令，如图3-61所示，也可以调整图层的排列顺序。各选项含义如下所述。

图3-61 "图层→排列"子菜单

置为顶层：将当前所选择层调整到所有层的最上面，快捷键为【Shift+Ctrl+】】。

前移一层：将当前所选择的层向上移动一个排列顺序，快捷键为【Ctrl+】】。

后移一层：将当前所选择的层向下移动一个排列顺序，快捷键为【Ctrl+[】。

置为底层：将当前所选择层调整到所有普通层的最下方，快捷键为【Shift+Ctrl+[】。

反向：在"图层"面板中选择多个图层以后，执行该命令，可以反转所有所选图层的排列顺序。图层面板所选图层反向前状态如图3-62所示，反向后状态如图3-63所示。

图3-62 排列子菜单反向前图层面板状态

图3-63 排列子菜单反向后图层面板状态

◇ 任务实现

①【文件】菜单—【新建】命令，弹出如图3-64所示的"新建"对话框，将"名称"命名为"卡通相机"，单击"预设"下拉列表框，选择"默认Photoshop大小"，其他参数默认，单击"确定"按钮。

② 单击图层面板中的"新建图层"按钮 ，新建一个"图层1"。选择矩形选框工具，绘制一个矩形选区，如图3-65所示。执行【选择】—【修改】—【平滑】命令，弹出如图3-66所示的平滑选区对话框，设置取样半径为12像素。

③ 选择添加到选区按钮 ，选择椭圆形选框工具，在适当的位置绘制椭圆，效果如图3-67所示。

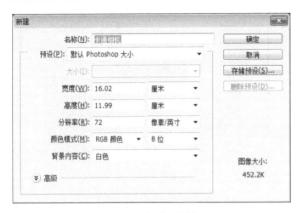

图3-64 新建对话框

图3-65 矩形选区

图3-66 平滑选区对话框

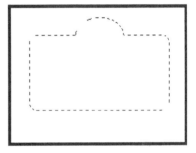

图3-67 添加选区效果

④ 将工具栏中的背景色设为肉粉色RGB（200，120，130），按【Ctrl+Delete】组合键，为其填充肉粉色。按【Ctrl+D】组合键，取消选区后，填充效果如图3-68所示。

⑤ 选择矩形选框工具，绘制如图3-69所示的矩形选区，将工具栏中的前景色设为深红色GRG（90，30，30），按【Alt+Delete】组合键，为其填充深红色。按【Ctrl+D】组合键，取消选区后，填充效果如图3-70所示。

⑥ 选择椭圆选框工具，在如图3-71所示的位置绘制一个正圆选区，按【Alt+Delete】组合键，为其填充深红色，填充效果如图3-72所示。

图3-68 填充肉粉色效果

图3-69 矩形选区绘制效果

图3-70 填充深红色效果

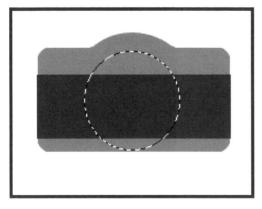

图3-71　椭圆选区

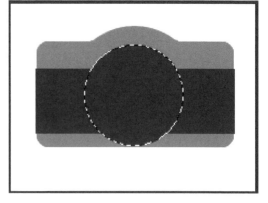

图3-72　填充颜色

⑦ 执行【选择】—【修改】—【收缩】命令，弹出如图3-73所示的收缩选区对话框，设置收缩量为8像素。按【Ctrl+Delete】组合键，为其填充肉粉色，填充效果如图3-74所示。

图3-73　收缩选区对话框

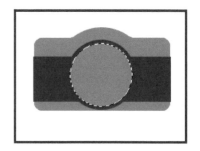

图3-74　填充效果

⑧ 再次执行【选择】—【修改】—【收缩】命令，弹出收缩选区对话框，设置收缩量为8像素，为其填充75%的灰色。填充效果如图3-75所示。

⑨ 再次执行【选择】—【修改】—【收缩】命令，弹出收缩选区对话框，设置收缩量为16像素，为其填充90%的深灰色，效果如图3-76所示。

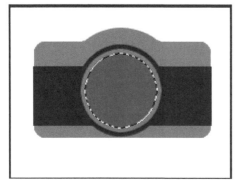

图3-75　绘制灰色圆圈

图3-76　90%深灰色填充效果

⑩ 再次执行【选择】—【修改】—【收缩】命令，弹出收缩选区对话框，设置收缩量为24像素，为其填充25%的浅灰色，按【Ctrl+D】组合键，取消选区后，相机镜头效果如图3-77所示。

⑪ 单击图层面板中的"新建图层"按钮🔲，新建一个"图层2"。选择矩形选框工具，绘制一个如图3-78所示矩形选区。

图3-77 相机镜头效果

图3-78 矩形选框绘制效果

⑫ 执行【选择】—【修改】—【平滑】命令，弹出如图3-79所示的平滑选区对话框，设置取样半径为5像素，按【Alt+Delete】组合键，为其填充深红色，效果如图3-80所示。

图3-79 平滑选区对话框

图3-80 深红色填充效果

⑬ 执行【选择】—【修改】—【收缩】命令，弹出收缩选区对话框，设置收缩量为5像素，按【Ctrl+Delete】组合键，为其填充肉粉色，填充效果如图3-81所示。

⑭ 再次执行【选择】—【修改】—【收缩】命令，弹出收缩选区对话框，设置收缩量为10像素。执行【选择】—【修改】—【平滑】命令，弹出平滑选区对话框，设置半径取样为5像素。为其填充75%的灰色。填充效果如图3-82所示。按【Ctrl+D】组合键，取消选区。

图3-81 收缩选区并填充效果

图3-82 收缩并平滑选区填充效果

⑮ 单击图层面板，将"图层2"拖拽到"图层1"的下方，图层面板如图3-83所示，画面效果如图3-84所示。

图3-83　图层面板　　　　　　　　　　　　　　　图3-84　图层叠放后效果

⑯ 选择矩形选框工具，绘制如图3-85所示的矩形选区，执行【选择】—【修改】—【平滑】命令，弹出平滑选区对话框，设置半径取样为3像素。按【Ctrl+Delete】组合键，为其填充肉粉色，填充效果如图3-86所示，按【Ctrl+D】组合键，取消选区。

图3-85　矩形选区效果　　　　　　　　　　　　　图3-86　平滑填充效果

⑰ 选择"图层2"，选择矩形选框工具，绘制矩形选区，执行【选择】—【修改】—【平滑】命令，弹出平滑选区对话框，设置半径取样为5像素，平滑后选区效果如图3-87所示，按【Alt+Delete】组合键，为其填充深红色。按【Ctrl+D】组合键，取消选区后，填充效果如图3-88所示。

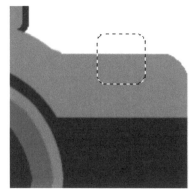

图3-87　矩形选区平滑效果　　　　　　　　　　　图3-88　选区填充效果

⑱ 同样的方法制作相机左侧的两个图形，效果如图3-89所示。

⑲ 在"图层1"上方新建"图层3"，选择椭圆选框工具，按住【Shift】键绘制一个如图3-90所示的正圆，按【Alt+Delete】组合键，为其填充深红色。执行【选择】—【修改】—【收缩】命令，弹出收缩选区对话框，设置收缩量为2像素。按【Ctrl+Delete】组合键，为其填充肉粉色，填充如图3-91所示。

图3-89　相机上方左侧图形效果　　　图3-90　正圆选区绘制效果　　　图3-91　选区收缩并填充效果

⑳ 单击工具栏中的油漆桶工具，油漆桶工具属性栏设置如图3-92所示，在油漆桶工具选项栏中，选择"前景"下拉列表框中的"图案"，在图案的下拉列表框中选择██按钮，在选区内单击，执行【Ctrl+D】组合键，取消选区。填充效果如图3-93所示。

图3-92　油漆桶工具属性栏设置

㉑ 执行【Ctrl+J】组合键，复制图层3生成副本，选择【移动工具】移动副本到如图3-94所示的位置。

图3-93　油漆桶工具图案填充效果　　　　　　图3-94　副本移动位置

㉒ 新建图层4，选择椭圆选框工具，绘制椭圆，利用相交选区、合并选区制作如图3-95的选区。为选区填充白色，填充效果如图3-96所示。

㉓ 执行【Ctrl+J】组合键，复制图层4生成副本，选择【移动工具】移动副本到如图3-97所示的位置。

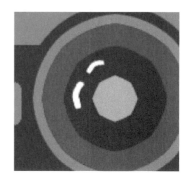

图3-95 相机光圈选区　　　　图3-96 相机光圈效果　　　　图3-97 光圈复制并移动效果
　　　　绘制效果

㉔ 制作完图像后图层面板状态如图3-98所示。图像最终效果如图3-99所示，执行【文件】菜单—【存储为】命令，设置文件名称及存储格式，设置存储路径，单击"确定"按钮，将文件保存。

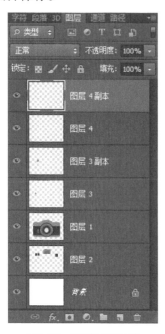

图3-98 图层面板状态　　　　　　　　　　　　图3-99 最终效果

任务3　卡通猴制作

◇ 先睹为快

本任务效果如图3-100所示。

图3-100　卡通猴效果图

✧ 技能要点

描边命令
参考线
向下合并图层

✧ 知识与技能详解

1. 描边命令

"编辑"菜单中的"描边"命令是对"选区"进行"描边"的一种操作，即为选区边缘添加某种颜色。其对话框如图3-101所示。其中单击颜色可以打开如图3-102所示的"描边颜色"设置对话框，设置描边选区时所应用的颜色。

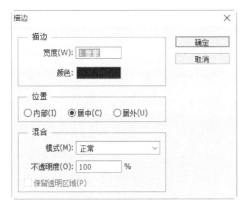

图3-101　"描边"对话框

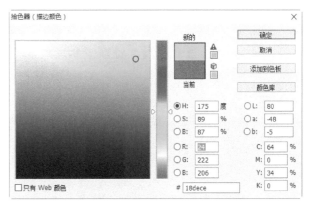

图3-102　"描边颜色"设置对话框

描边位置：包含有内部、居中、居外三种，内部是将指定宽度像素填充在选区内侧，居中是以选区边缘为中线分别向内向外填充指定宽度的一半像素宽度，居外是将指定宽度像素填充在选区内外侧。描边位置分别选择内部、居中、居中外效果如图3-103所示。

"保留透明区域"：如果勾选了此项，那么所操作图层的透明部分就会被保护起来，描边不会覆盖或影响到透明部分。如果不勾选，描边后，在透明区域的描边显示为100%的描边颜色。

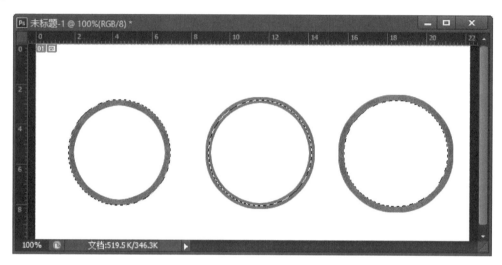

图3-103　从左到右依次是内部、居中、居外描边效果

2. 参考线

参考线是Photoshop强大的辅助工具之一，主要起到对齐和定位的作用。参考线的建立可以通过以下两种方法实现。

（1）从标尺上拖曳参考线

鼠标移动到水平标尺上，按下鼠标左键并拖曳到画布区可建立水平参考线；同理，鼠标移动到垂直标尺上，按下鼠标左键并拖曳到画布区可以建立垂直参考线，标尺建立参考线过程如图3-104所示。

（2）视图菜单建立参考线

执行【视图】菜单—【新建参考线】命令，打开如图3-105所示的对话框，通过对话框可以精确定位参考线的位置。

提示

按住Alt键单击参考线可将水平参考线改为垂直参考线或将垂直参考线改为水平参考线。

提示

按住Shift键建立参考线时，可根据标尺的刻度对齐参考线，如果想要改变标尺的单位，可右键单击标尺进行设置。

提示

执行【Ctrl+H】键可以显示或隐藏参考线。

提示

通过【视图】菜单—【清除参考线】命令清除所有参考线。

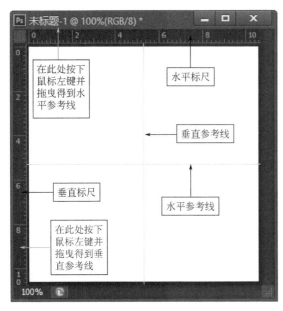

图3-104 标尺建立参考线说明　　　　　图3-105 "新建参考线"对话框

✏ **提示**

通过【视图】菜单—【锁定参考线】命令锁定参考线（锁定后依然可以新建参考线，不能改变原有参考线的位置）。

3. 向下合并图层

合并图层是指把两个或者更多的图层合并成一个图层，合并图层不仅可以方便图层管理，还可以节约磁盘空间、提高操作速度。向下合并图层是合并图层多种方法中的一种。

选中某一个图层后，执行【图层】菜单—【向下合并】命令（或执行【Ctrl+E】组合键），即可将当前图层合并到其下方的图层中，使其成为一个图层，合并后的图层名继承自其下方的图层，向下合并图层后图层面板效果如图3-106所示。

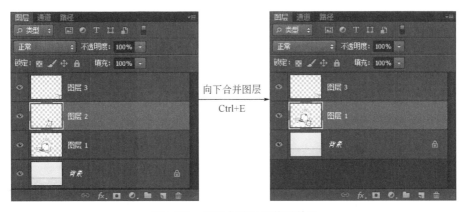

图3-106 向下合并图层前后效果

◇ **任务实现**

① 执行【Ctrl+N】组合键，弹出"新建"对话框，建立一个宽度为400像素、高度为400像素、分辨率为72像素/英寸，颜色模式为RGB颜色，背景内容为白色的新画布。

② 执行【文件】菜单—【存储为】命令，在弹出的对话框中设置文件名为"卡通猴.psd"，保存图像。

③ 设置前景色为洋红色（RGB：255，140，150），按【Alt+Delete】组合键填充背景层。

④ 如果标尺没有显示，则按【Ctrl+R】显示标尺，鼠标移动到左侧的垂直标尺上向右拖曳建立垂直参考线定位画布水平中心，移动到上侧的水平标尺上向下拖曳建立水平参考线定位画布的垂直中心，参考线位置如图3-107所示。

⑤ 选择【工具面板】中的【椭圆选框工具】，光标定位在参考线中心位置，按住【Alt+Shift】键，在画布中绘制一个如图3-108所示的以鼠标起点为中心的正圆选区。

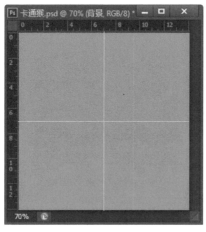
图3-107　参考线建立效果

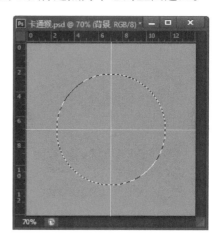
图3-108　正圆选区效果

⑥ 执行【Ctrl+Shift+Alt+N】组合键，新建"图层1"，设置前景色为深棕色（RGB：60，30，20），按【Alt+Delete】组合键填充"图层1"，按【Ctrl+D】组合键取消选择区域，填充效果如图3-109所示。

⑦ 选择【椭圆选框工具】，继续绘制一个椭圆选择区域，执行【Ctrl+Shift+Alt+N】组合键，新建"图层2"。设置前景色为浅黄色（RGB：240，230，200），按【Alt+Delete】组合键填充"图层2"。选区绘制与填充效果如图3-110所示。

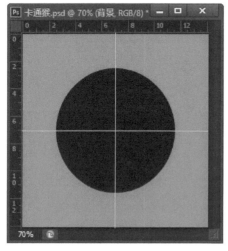
图3-109　填充效果

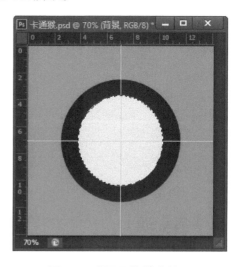
图3-110　"图层2"填充效果

⑧ 选择【椭圆选框工具】 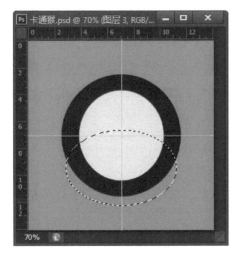 ，绘制如图3-111所示的椭圆选择区域。按【Ctrl+Shift+Alt+N】组合键，新建"图层3"，按【Alt+Delete】组合键填充"图层3"，按【Ctrl+D】组合键取消选择区域，填充效果如图3-112所示。

图3-111　椭圆选区绘制效果

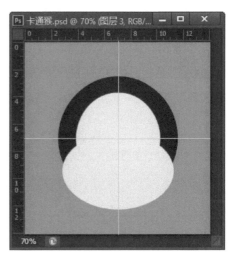

图3-112　"图层3"填充效果

⑨ 按【Ctrl+E】组合键，将"图层3"合并到"图层2"中。

⑩ 单击图层面板中如图3-113所示的"图层2"的图层缩略图，载入如图3-114所示的选择区域。

图3-113　图层面板状态

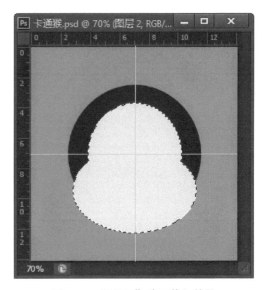

图3-114　"图层2"选区载入效果

⑪ 单击"图层1"，使"图层1"成为当前操作图层，按【Delete】键，删除"图层1"选区选中的像素。按【Ctrl+D】组合键取消选择区域。

⑫ 单击图层面板中"图层1"的图层缩略图，载入如图3-115所示的选择区域。

⑬ 按【Ctrl+Shift+Alt+N】组合键，新建"图层3"，设置前景色为深灰色（RGB：50，50，50）。

⑭ 执行【编辑】菜单—【描边】命令，弹出如图3-116所示的"描边"对话框，宽度设

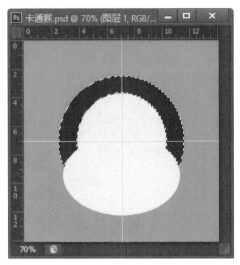

图3-115 "图层1"选区载入效果

图3-116 "描边"对话框

置为"4"像素，位置选择"内部"，其他默认。按【Ctrl+D】组合键取消选择区域。描边效果如图3-117所示。

⑮ 绘制椭圆选区，按【Ctrl+Shift+Alt+N】组合键，新建"图层4"，设置前景色为深棕色（RGB：60，30，20），按【Alt+Delete】组合键填充"图层4"，填充效果如图3-118所示。

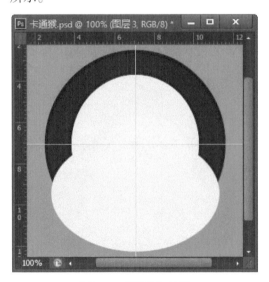

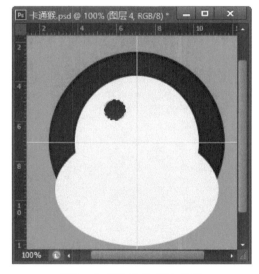

图3-117 "描边"效果

图3-118 "图层4"填充效果

⑯ 设置前景色为深灰色（RGB：50，50，50），执行【编辑】菜单—【描边】命令，弹出"描边"对话框，宽度设置为"2"像素，其他默认。按【Ctrl+D】组合键取消选择区域。

⑰ 设置前景色为白色，选择【工具面板】中的【画笔工具】 ，选择柔和的笔头，大小为13像素左右，在"图层4"区域单击，制作"反光点"，制作效果如图3-119所示。

⑱ 按下【Ctrl+J】键，复制"图层4"生成"图层4副本"，移动副本到如图3-120所示的位置。

⑲ 绘制如图3-121所示的椭圆选择区域，按【Ctrl+Shift+Alt+N】组合键，新建"图层

5"，设置前景色为洋红色（RGB：255，140，150），按【Alt+Delete】组合键填充"图层5"，按【Ctrl+D】组合键取消选择区域，填充效果如图3-122所示。

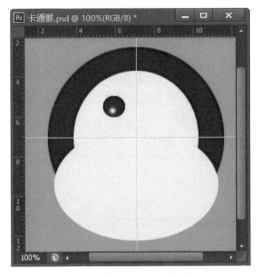

图3-119 "反光点"制作效果

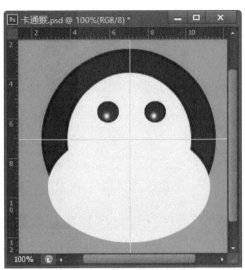

图3-120 副本移动位置

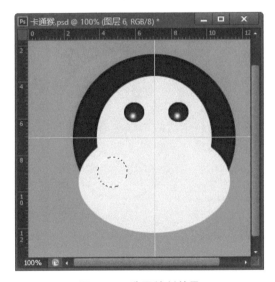

图3-121 选区绘制效果

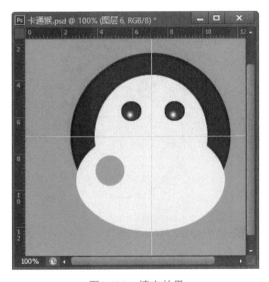

图3-122 填充效果

⑳ 按下【Ctrl+J】键，复制"图层5"生成"图层5副本"，移动副本到如图3-123所示的位置。

㉑ 绘制如图3-124所示的椭圆选区。

㉒ 按【Ctrl+Shift+Alt+N】组合键，新建"图层6"，设置前景色为深灰色（RGB：50，50，50），执行【编辑】菜单—【描边】命令，弹出"描边"对话框，宽度设置为"3"像素，其他默认。按【Ctrl+D】组合键取消选择区域。"描边"效果如图3-125所示。

㉓ 选择【工具面板】中的【橡皮擦工具】，将嘴巴多余区域擦除。擦除效果如图3-126所示。

㉔ 执行【视图】菜单—【清除参考线】命令，清除参考线。

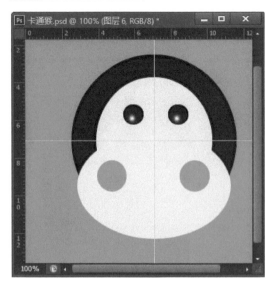

图3-123 "图层5副本"移动效果

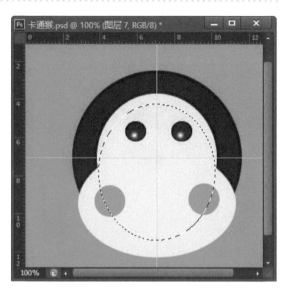

图3-124 "椭圆选区"绘制效果

图3-125 "描边"效果

图3-126 "擦除"效果

㉕ 绘制如图3-127所示的椭圆选择区域，按【Ctrl+Shift+Alt+N】组合键，新建"图层7"，设置前景色为深棕色（RGB：60，30，20），按【Alt+Delete】组合键填充"图层7"，填充效果如图3-128所示。

㉖ 设置前景色为深灰（RGB：50，50，50），执行【编辑】菜单—【描边】命令，弹出"描边"对话框，宽度设置为"4"像素，位置选择"中部"，其他默认。

㉗ 按【Ctrl+D】组合键取消选择区域，按下【Ctrl+J】键，复制"图层7"生成"图层7副本"。

㉘ 选择【工具面板】中的【魔术棒工具】，在"图层7副本"的深棕色区域单击鼠标左键，建立如图3-129所示的选择区域。

㉙ 设置前景色为浅黄色（RGB：240，230，200），按【Alt+Delete】组合键填充"图层7副本"，按【Ctrl+D】组合键取消选择区域。

图3-127 椭圆选区绘制效果

图3-128 "图层7"填充效果

㉚ 执行【编辑】菜单—【变换】—【缩放】命令,鼠标移动到四个角点中的任意一个,鼠标形状变成双向箭头,按住【Alt+Shift】组合键拖曳鼠标左键等比例缩放图像,缩放效果如图3-130所示。按【Enter】键,确认缩放变换。

图3-129 选区建立效果

图3-130 等比例缩放效果

㉛ 按下【Ctrl+E】组合键,将"图层7副本"合并到"图层7"中。

㉜ 选择【工具面板】中的【移动工具】,按住【Alt+Shift】,移动并复制图层7,移动复制效果如图3-131所示。

㉝ 按住【Ctrl】键,同时选择"图层7"和"图层7副本",图层面板状态如图3-132所示。

㉞ 拖曳选中的层到"图层1"的下方,改变图层的顺序,改变顺序的图层面板状态如图3-133所示,最终效果如图3-134所示。

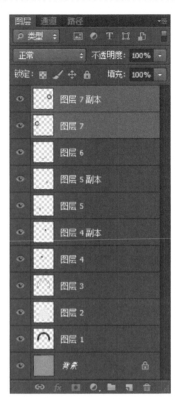

图3-131　移动复制效果

图3-132　图层面板状态

图3-133　图层顺序改变后
　　　　图层面板效果

图3-134　最终效果

㉟执行【文件】菜单—【存储为】命令，设置文件名称及存储格式，设置存储路径，单击"确定"按钮，将文件保存。

任务4　卡通人物画制作

❖ 先睹为快

本任务效果如图3-135所示。

图3-135　卡通人物画效果图

❖ 技能要点

多个图层合并
水平翻转和垂直翻转

❖ 知识与技能详解

1. 合并多个图层

除了前面介绍的向下合并这种循序渐进的方法外，我们还可以一次合并多个图层。合并多个图层可以通过以下几种方式实现。

（1）合并图层

合并多个图层之前首先选择要合并的多个图层，执行【图层】菜单—【合并图层】命令（或执行【Ctrl+E】组合键），即将所选择的多个图层都合并到所选层中最上面的那个层中，图层名也以位于最上方的图层为基准。合并多个图层后图层面板效果如图3-136所示。

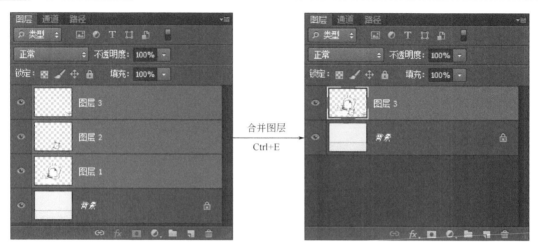

图3-136　图层面板合并图层前后对比效果

✎ **提示**

按住【Shift】键可以选择多个连续的图层，按住【Ctrl】键可以选择不连续的层。

（2）合并可见图层

执行【图层】菜单—【合并可见图层】命令（或执行【Ctrl+Shift+E】组合键）可以将目前所有处在显示状态的图层合并，在隐藏状态的图层则保持不变。

（3）拼合图像

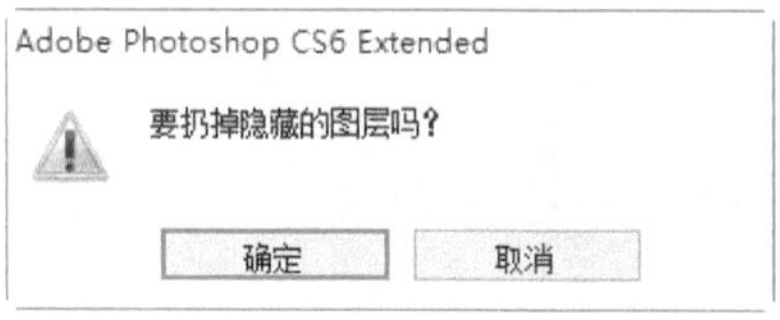

执行【图层】菜单—【拼合图像】命令，则是将所有的图层合并为背景层，如果有图层隐藏拼合时会出现如图3-137所示的警告框。如果单击"确定"按钮，原先处在隐藏状态的层都将被丢弃。

图3-137　警告框

（4）盖印图层

"盖印图层"可以将多个图层内容合并成一个目标图层，同时使其他图层保持不变，按下【Alt+Shift+Ctrl+E】组合键可以盖印所有可见图层，如图3-138所示；按【AltCtrl+E】组合键可以盖印多个选定的图层，在所选图层的上方会出

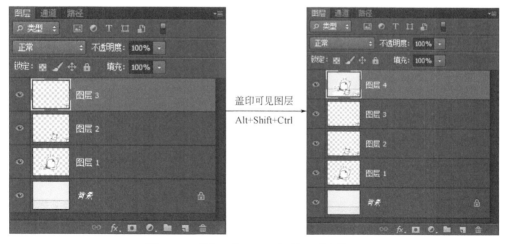

图3-138　盖印可见图层面板前后对比效果

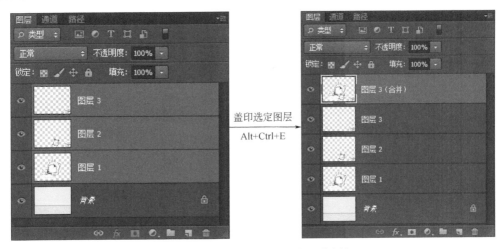

图3-139 盖印选定图层面板前后对比效果

现一个合并后的图层，且原图层保持不变，如图3-139所示。

2. 水平翻转和垂直翻转

变换操作中的"水平翻转"和"垂直翻转"命令常用于制作镜像和倒影效果，通过执行"编辑"菜单中"变换"子菜单中的水平翻转和翻转命令，即可为当前选择图层像素进行水平或垂直翻转，效果如图3-140所示。

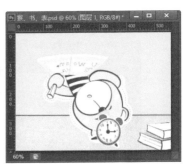

原图 水平翻转 垂直翻转

图3-140 水平翻转和垂直翻转效果

❖ 任务实现

① 按【Ctrl+N】键，弹出"新建"对话框，建立一个宽度为500像素、高度为650像素、分辨率为72像素/英寸，颜色模式为RGB颜色，背景内容为白色的新画布。

② 执行【文件】菜单—【存储为】命令，在弹出的对话框设置文件名为"卡通人物画.psd"，保存图像。

③ 鼠标移动到左侧的标尺上向右拖曳建立画布中心的垂直参考线，选择【工具面板】中的【椭圆选框工具】，光标定位在垂直参考线位置，按住【Alt】键，在画布中绘制一个如图3-141所示的以鼠标起点为中心的椭圆选区。

④ 按【Ctrl+Shift+Alt+N】组合键，新建"图层1"，设置前景色为棕色（RGB：150，50，0），按【Alt+Delete】组合键填充"图层1"。填充效果如图3-142所示。

⑤ 按【Ctrl+D】键取消选择区域，选择【椭圆选框工具】，继续绘制椭圆选择，按

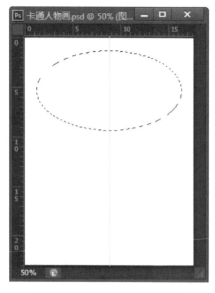

图3-141 椭圆选区绘制效果

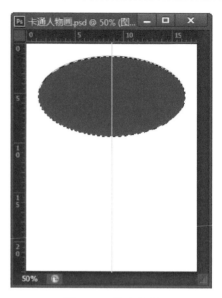

图3-142 填充效果

【Delete】键删除选区内的像素，删除效果如图3-143所示。

⑥ 按【Ctrl+D】键取消选择区域，选择【工具面板】中的【矩形选框工具】，绘制如图3-144所示的矩形区域，按【Delete】键删除选区内的像素，按【Ctrl+D】键取消选择区域，删除效果如图3-145所示。

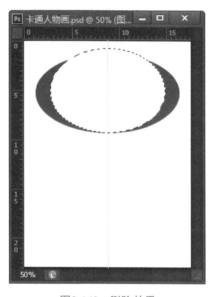

图3-143 删除效果

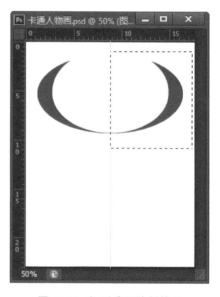

图3-144 矩形选区绘制效果

⑦ 继续绘制矩形选区，并删除选区内的像素，按【Ctrl+D】键取消选择区域，删除效果如图3-146所示。

⑧ 按【Ctrl+J】组合键复制"图层1"，生成"图层1 副本"，执行【编辑】菜单—【变换】—【缩放】命令，为"图层1 副本"添加变换框，将变换框的中心点拖曳到右则的"变换框边点"上，鼠标移动到左侧"变换框边点"拖曳鼠标左键进行缩放，缩放过程如图3-147所示。按【Enter】键确认变换。

图3-145 删除效果（一）

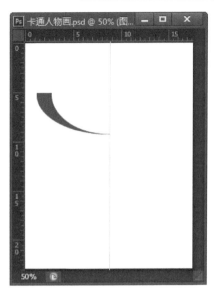

图3-146 删除效果（二）

⑨ 按下【Ctrl+Alt+Shift+T】组合键，按上次变换的规律继续复制并变换像素，复制变换效果如图3-148所示。

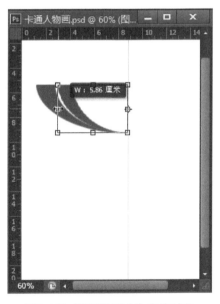

图3-147 "图层1副本"变换过程

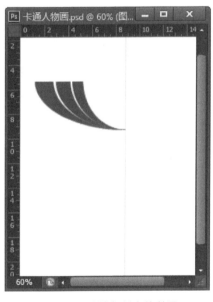

图3-148 继续复制变换效果

⑩ 选择【工具面板】中的【矩形选框工具】，绘制如图3-149所示的矩形选择区域。按【Ctrl+Shift+Alt+N】组合键，新建"图层2"，按【Alt+Delete】填充选择区域，按【Ctrl+D】键取消选择区域，填充效果如图3-150所示。

⑪ 利用矩形工具继续绘制矩形选区并填充，填充效果如图3-151所示。

⑫ 选择【工具面板】中的【移动工具】，按住【Alt】键，移动并复制像素，移动复制效果如图3-152所示。按【Ctrl+D】键取消选择区域。

⑬ 按住【Shift】键单击"图层1"，选择除"背景层"之外的所有层，选择效果如图3-153所示，按【Ctrl+E】键合并选择的图层，合并效果如图3-154所示。

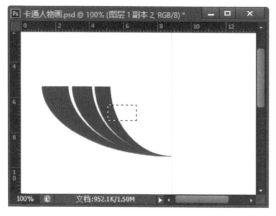

图3-149 矩形选区绘制效果

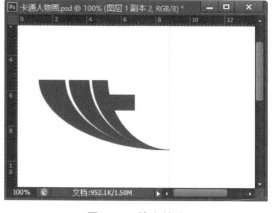

图3-150 填充效果

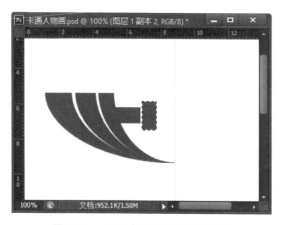

图3-151 矩形选区绘制并填充效果

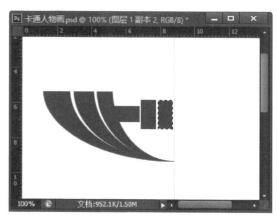

图3-152 移动并复制像素效果

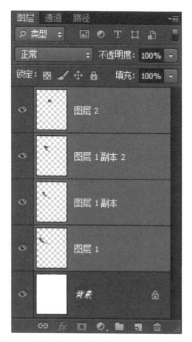

图3-153 "多个图层"选择时图层面板效果

图3-154 多个图层合并后图层面板效果

⑭ 按【Ctrl+J】组合键复制"图层2",生成"图层2 副本",执行【编辑】菜单—【变换】—【水平翻转】命令,翻转效果如图3-155所示。

⑮ 选择【移动工具】,将"图层2副本"移动到如图3-156所示的位置。【Ctrl+E】键将"图层2 副本"合并到"图层2"中。

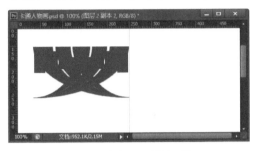

图3-155 "水平翻转效果"

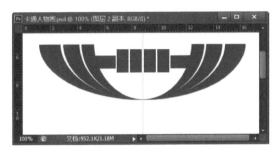

图3-156 移动效果

⑯ 在图层面板的"图层2"名称位置双击,将"图层2"的名称改为"头饰",图层名的名称重新命名过程如图3-157所示。

图3-157 图层名重新命名过程

⑰ 选择【移动工具】,将"头饰层"像素移动到画布顶端。选择【矩形选框工具】,绘制如图3-158所示的矩形选择区域。按【Ctrl+Shift+Alt+N】组合键,新建"图层1",按【Alt+Delete】填充选择区域,按【Ctrl+D】键取消选择区域,填充效果如图3-159所示。

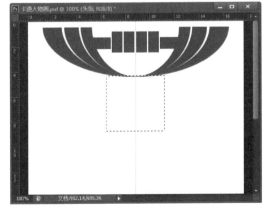

图3-158 矩形选区绘制效果

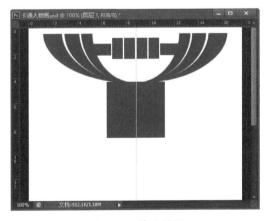

图3-159 填充效果

⑱ 选择【椭圆选框工具】，绘制如图3-160所示的椭圆选择区域。按【Ctrl+Shift+Alt+N】组合键，新建"图层2"，按【Alt+Delete】填充选择区域，按【Ctrl+D】键取消选择区域，填充效果如图3-161所示。

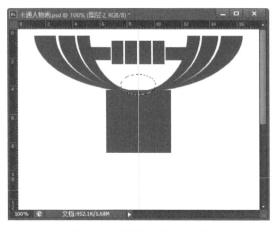

图3-160 椭圆选区绘制效果

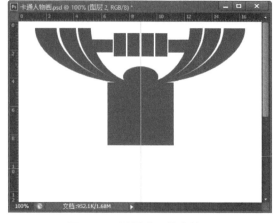

图3-161 椭圆选区填充效果

⑲ 选择【工具面板】中的【矩形选框工具】，绘制如图3-162所示的矩形选择区域。按【Ctrl+Shift+Alt+N】组合键，新建"图层3"，设置前景色为"白色"。

⑳ 执行【编辑】菜单—【描边】命令，在弹出的"描边"对话框中，宽度设置为"3"像素，位置选择"居外"，其他默认。按【Ctrl+D】组合键取消选择区域，描边效果如图3-163所示。

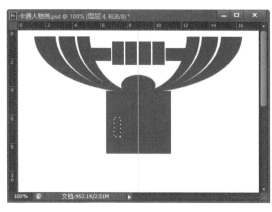

图3-162 矩形选区建立效果

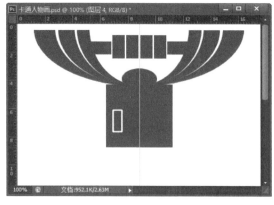

图3-163 描边效果

㉑ 执行【Ctrl+J】组合键四次，复制"图层3"，生成四个"图层3副本"，选择【移动工具】，拖曳最上层的副本到如图3-164所示的位置。

㉒ 按住【Shift】键单击"图层3"选择图层面板中"图层3"到"图层3 副本4"之间的所有层，单击移动工具栏中的"水平居中分布选项"，分布效果如图3-165所示。【移动工具】属性栏如图3-166所示。

㉓ 执行【Ctrl+E】组合键，将所有的副本层合并到"图层3"中。

㉔ 选择【套索工具】，绘制任意形状选区，按【Ctrl+Shift+Alt+N】组合键，新建"图层4"，设置前景色为"白色"，按【Alt+Delete】填充选择区域，选区绘制并填充效果如图3-167所示。

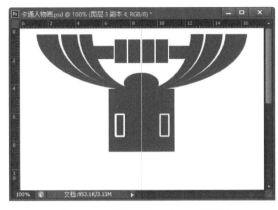

图3-164 "图层3 副本4"移动效果

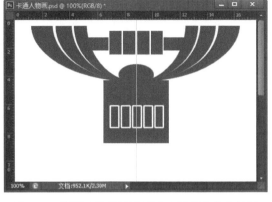

图3-165 "图层3"及四个副本水平居中分布效果

图3-166 移动工具属性栏

㉕ 按【Ctrl+D】键取消选择区域，同理复制"图层4"并生成多个"图层4 副本"，为"图层4"和"多个副本"执行水平居中分布命令，分布效果如图3-168所示。执行【Ctrl+E】组合键，将所有的副本层合并到"图层4"中。

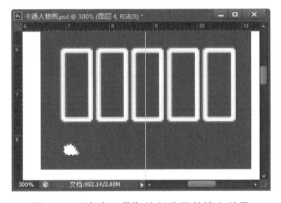

图3-167 "套索工具"绘制选区并填充效果

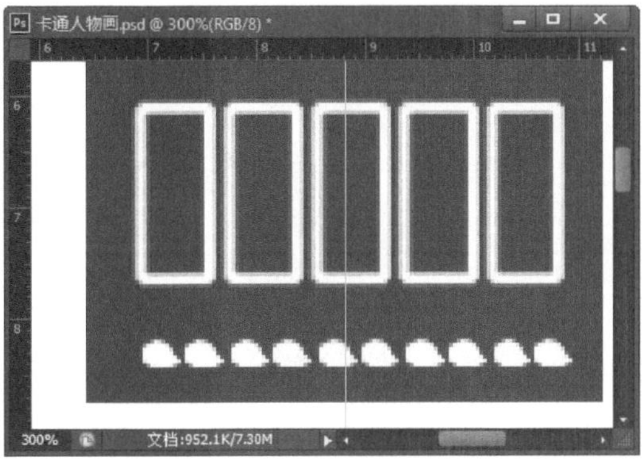

图3-168 "图层4"及副本分布居中效果

㉖ 选择【椭圆选框工具】，鼠标定位在垂直参考线上，按住【Alt】键，绘制如图3-169所示的以鼠标起点为中心的椭圆选区。

㉗ 鼠标移动到左侧的标尺上向右拖曳建立两条垂直参考线，捕捉椭圆选区边缘，参考线建立效果如图3-170所示。

㉘ 选择【矩形选框工具】，在如图3-171所示的属性栏中选择"添加选区选项"，光标定位在左侧的垂直参考线上，绘制矩形选区，并扩展到椭圆选区中，绘制效果如图3-172所示。

㉙ 设置前景色为棕色（RGB：150，50，0），按【Ctrl+Shift+Alt+N】组合键，新建"图层5"，执行【编辑】菜单—【描边】命令，在弹出的"描边"对话框中，宽度设置为"4像素"，位置选择"居外"，其他默认。

㉚ 执行【视图】菜单—【清除参考线】命令，清除参考线，按【Ctrl+D】组合键取消选择区域，描边效果如图3-173所示。

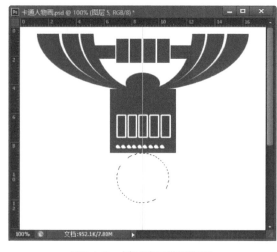

图3-169　椭圆选区绘制效果

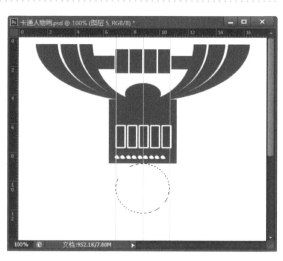

图3-170　"参考线"建立效果

图3-171　"矩形选框工具"属性栏

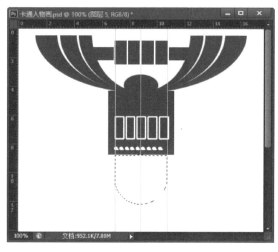

图3-172　矩形选区添加到椭圆选区绘制效果

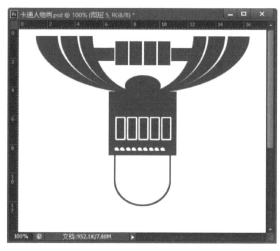

图3-173　选区描边效果

㉛ 按【Ctrl+Shift+Alt+N】组合键，新建"图层6"选择【画笔工具】，设置笔头大小约"4像素"，拖曳鼠标左键绘制如图3-174所示的形状。

㉜ 选择【多边形套索工具】，鼠标左键单击绘制多边形选区，按【Ctrl+Shift+Alt+N】组合键，新建"图层7"并按【Alt+Delete】键填充多边形选区，填充效果如图3-175所示，按【Ctrl+D】键取消选择区域。

㉝ 执行【视图】菜单—【新建参考线】命令，弹出如图3-176所示的"新建参考线"对话框建立位置为250像素的垂直参考线定位画布水平中心位置，鼠标移动到上方的水平标尺上向下拖曳建立水平参考线，定位"图层7"垂直中心位置，参考线建立效果如图3-177所示。

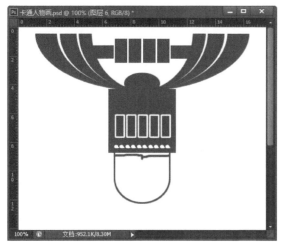

图3-174 "画笔工具"绘制形状效果

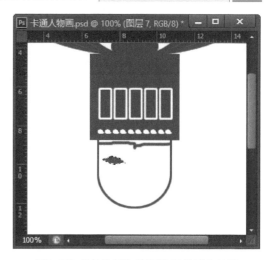

图3-175 "多边形"选区绘制并填充效果

图3-176 "新建参考线"对话框

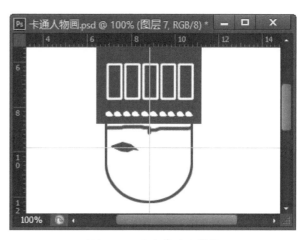

图3-177 参考线建立效果

㉞ 执行【Ctrl+J】组合键复制"图层7",生成"图层7 副本",执行【Ctrl+T】键,为"图层7 副本"添加"自由变换框",按住【Alt】键,将"变换框中心"拖曳到参考线交点位置,在"变换框"内单击鼠标右键,在弹出的快捷菜单中选择"水平翻转",变换框中心位置及右键快捷菜效果如图3-178所示,按【Enter】键确认变换,"水平翻转"效果如图3-179所示。

㉟ 选择【画笔工具】,设置笔头大小约"12像素",硬度设置为"100%",单击鼠标左键绘制如图3-180所示的嘴形形状。

㊱ 按【Ctrl+Shift+Alt+N】组合键,新建"图层8",选择【画笔工具】,设置笔头大小约"6像素",硬度设置为"100%",按住【Shift】键,拖曳鼠标左键绘制如图3-181所示的直线。

㊲ 执行【编辑】菜单—【变换】—【旋转】命令,拖曳鼠标左键旋转直线,旋转效果如图3-182所示。

㊳ 选择【画笔工具】,设置笔头大小约"6像素",硬度设置为"100%",按住【Shift】键,拖曳鼠标左键继续绘制如图3-183所示的直线。

图3-178 变换框中心位置及右键快捷菜效果

图3-179 "水平翻转"效果

图3-180 "画笔工具"绘制嘴形效果

图3-181 "画笔工具"绘制直线效果

㉟ 执行【Ctrl+J】组合键复制"图层8",生成"图层8副本",执行【Ctrl+T】键,为"图层8副本"添加"自由变换框",按住【Alt】键,将"变换框中心"拖曳到如图3-184所示的位置。执行【编辑】菜单—【变换】—【水平翻转】命令,按【Enter】键确认变换,"水平翻转"效果如图3-185所示。

㊵ 选择【椭圆选框工具】,鼠标定位在垂直参考线上,按住【Alt】键,绘制以鼠标起点为中心的椭圆选区,按【Ctrl+Shift+Alt+N】组合键,新建"图层8",按【Alt+Delete】键填充椭圆选区,填充效果如图3-186所示。

图3-182 旋转效果

图3-183 "画笔工具"绘制直线效果

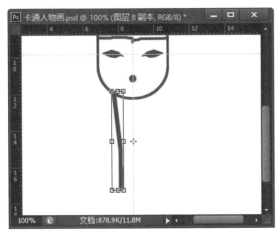

图3-184 "变换框中心"位置

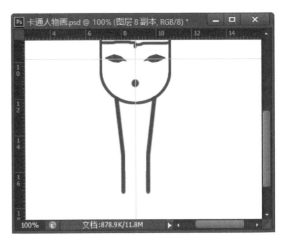

图3-185 "水平翻转"效果

㊶ 选择【椭圆选框工具】，绘制如图3-187所示的选择区域。按【Delete】键，删除选区内的像素，删除效果如图3-188所示，按【Ctrl+D】键取消选择区域。

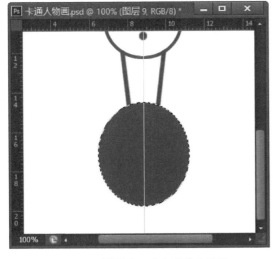

图3-186 椭圆选区建立并填充效果

图3-187 选区变换并移动效果

㊷选择【橡皮擦工具】擦除多余像素，擦除效果如图3-189所示。

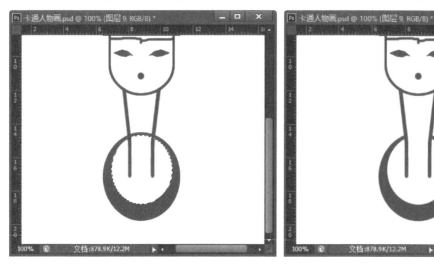
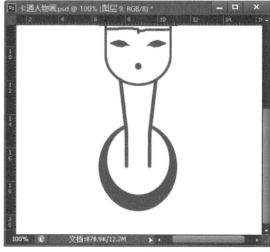

图3-188　删除效果　　　　　　　　　　　　图3-189　擦除效果

㊸选择【椭圆选框工具】绘制如图3-190所示的椭圆选区，光标分别移动到水平标尺和垂直标尺上拖曳一条水平参考线和垂直参考线到椭圆中心，参考线效果如图3-191所示。

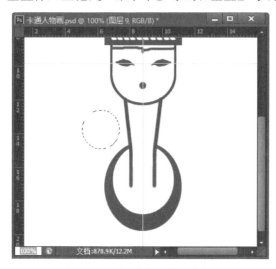

图3-190　椭圆选区绘制效果　　　　　　　　图3-191　参考线定位位置

㊹单击如图3-192所示的椭圆选框工具属性栏上的"从选区减去"属性，光标定位在椭圆中心，拖曳鼠标并按下【Alt+Shift】，绘制以鼠标起点为中心的椭圆选区，并与原有选区做"减去"运算，效果如图3-193所示。

图3-192　椭圆选框工具属性栏

㊺单击椭圆选框工具属性栏上的"添加到选区"属性，绘制一个如图3-194所示的椭圆选区，并与原有选区做一个"添加"运算。

图3-193 "从选区减去"效果

图3-194 "添加到选区"效果

㊻ 按【Ctrl+Shift+Alt+N】组合键，新建"图层10"，执行【Alt+Delete】组合键，填充选区，填充效果如图3-195所示。

㊼ 执行【Ctrl+J】组合键，复制"图层10"生成副本，将"副本"移动到右侧，执行【视图】菜单—【清除参考线】命令，清除参考线，最终效果如图3-196所示。

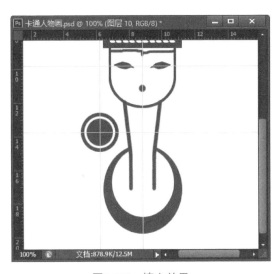

图3-195 填充效果

图3-196 复制并移动效果

◇ 项目总结和评价

通过本项目的学习，学生对选区工具有了更深的掌握，通过学习，学生掌握了选框工具组的具体使用方法和技巧，熟练掌握选区的各种创建方法以及选区的各种调整方法，并快速地应用选区的收展、羽化、变化等操作。更好地理解并掌握选区的布尔运算，掌握了油漆桶工具填色的方法，对图层的理解进一步加深，但是仍需要学生在课后多练、多思考，才能更熟练地使用Photoshop软件完成我们要完成的功能。

思考与练习

1．选择题

（1）（ ）选框工具用于在图像中绘制矩形选区。

A．椭圆　　　　　　　　B．矩形　　　　　　　　C．单行　　　　　　　　D．单列

（2）按（ ）+向右方向键可将选区水平向右移动10像素。

A．Ctrl　　　　　　　　B．Alt　　　　　　　　C．Shift　　　　　　　　D．Tab

（3）【选择】—【全选】命令的快捷键是（ ）。

A．Ctrl+A　　　　　　　B．Ctrl+B　　　　　　　C．Ctrl+H　　　　　　　D．Ctrl+D

2．思考与练习题

（1）矩形选框工具和椭圆选框工具切换的快捷键是什么？

（2）如何变换选区？

3．操作练习

利用选框工具组绘制一个米老鼠卡通图案。

项目4

名片制作

项目目标

通过本项目的学习和实施，需要理解、掌握和熟练下列知识点和技能点：

文字工具的使用方法和技巧，如文字的创建方法，文字属性的设置；

渐变工具的使用方法和技巧，掌握渐变工具的填充方式；

自由变换命令的使用方法和技巧；

画笔工具的使用方法和技巧。

项目描述

"名片"是新朋友自我介绍和相互了解的方法之一，也是商业交往中惯用推销自己的一种方式。名片由"正面"和"背面"两面组成，名片构成要素主要包括：①企业标志、企业象征的插图或图案；②个人的姓名、职务、单位名称、电话号码、地址、邮箱、网站等有效信息；③和谐的色彩配置，合理的文字编排，富有创意的造型设计等。

任务1 律师名片制作

◇ 先睹为快

本任务效果如图4-1与图4-2所示。

图4-1 名片正面

图4-2 名片反面

◇ 技能要点

文字工具

文字排版

✧ **知识与技能详解**

1. 常见名片尺寸

常见名片尺寸如表4-1所示，在设计名片尺寸时，一般在上下左右各加2 ~ 3mm的出血线（裁剪线），如在本项目中设计的是90mm×54mm标准名片，加上上下左右各2mm的出血线，所以在本项目中制作的名片尺寸设定为：94mm×58mm。

表4-1 常见名片尺寸

名片尺寸（横版）	名片尺寸（横版）
90mm×54mm（国内最常用名片尺寸）	90mm×50mm（欧美公司常用的名片尺寸）
90mm×108mm（国内常见折卡名片尺寸）	90mm×100mm（欧美歌手常用的折卡名片尺寸）

2. 文字工具栏

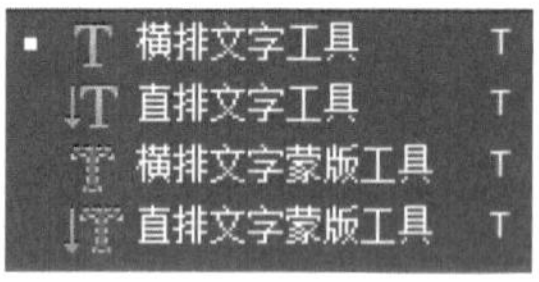

图4-3 文字工具组

在Photoshop工具箱中，【文字工具】组提供了丰富的文字输入及相应编辑功能。文字工具组如图4-3所示，包含横排文字工具、直排文字工具、横排文字蒙版工具、直排文字蒙版工具4种文字工具，执行【Shift+T】组合键可以在文字工具组中的不同文字工具之间进行切换。

选择【文字工具组】中的【横排文字工具】，其属性栏如图4-4所示，在工具属性栏中可以设置字体、字号、颜色、对齐等属性。

图4-4 文字工具属性栏

① 切换文本取向 ：单击此按钮，可以将水平方向的文字更改为垂直方向，也可将垂直方向的文字更改为水平方向。

② 设置字体样式 ：单击下拉按钮，设置输入文字的字体。

③ 设置字体大小 ：单击下拉按钮，选择文字字体的大小，也可以直接输入数值。

④ 设置消除字体的方式：用于确定文字边缘消除锯齿的方式，包括"无"、"锐利"、"犀利"、"浑厚"和"平滑"五种方式。

⑤ 设置文本对齐方式 ：用来设置文字的对齐方式，当选择水平文字方式时，对齐方式分别为"左对齐"、"居中对齐"、"右对齐"；当使用垂直文字方式时，对齐方式分别为"顶对齐"、"垂直居中对齐"、"底对齐"。

⑥ 设置文本颜色 ：单击出现"拾取器"对话框，在拾取器上设置文字的颜色。

⑦ 设置文字变形 ：单击弹出"变形文字"对话框，在对话框上设置文字的变形效果。

⑧ 切换字符和段落面板 ：单击弹出"字符"和"段落"面板。

⑨ 取消所有当前编辑 ：单击此按钮，可取消文本的输入或编辑操作。

⑩ 提交所有编辑 ：单击此按钮，可取消文本的输入或编辑操作。

3. 文字的创建

文字的创建方法，分为"输入字符文本"和"输入段落文本"两种创建方式，下面以实例的形式来学习这两种创建方法。

（1）输入点文本

打开素材图片，选择"横排选框工具"，在选项栏中设置"文字"为华文琥珀、"字体大小"为36、"文本颜色"为黑色RGB（0、0、0），如图4-5所示，在图像中单击，此时会出现一个闪烁的光标，在此输入文字，输入过程如图4-6所示。输入完成后，单击选项栏中的"提交当前所有编辑"按钮，效果如图4-7所示，在图层面板中生成文字图层。

图4-5 设置文字工具属性栏

图4-6 "点文本"输入状态　　　　　　　图4-7 "提交当前所有编辑"状态

（2）输入段落文本

打开素材图片，选择"横排选框工具"，其属性设置如图4-8所示，在属性栏中设置"文字"为华文琥珀、"字体大小"为36、"文本颜色"为黑色（RGB：0、0、0），在图像中，按住鼠标左键并拖动，创建一个如图4-9所示定界框，同时在定界框中出现一个闪烁的光标，在此输入文字，如图4-10所示。输入完成后，单击选项栏中的"提交当前所有编辑"按钮，确认段落文字的录入，效果如图4-11所示。

在创建文字时，不管是点文本，还是段落文本，在"图层"面板都会自动生成一个如图4-12所示的文字图层。

图4-8 文字工具属性栏设置

图4-9 创建定界框　　　　　　　　图4-10 输入文字状态

图4-11　文字输入完成　　　　　　　　图4-12　文字图层

4．设置字符与段落属性

（1）字符面板

执行【窗口】的【字符】命令，或者单击【文字】工具属性栏中的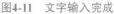按钮，即可弹出如图4-13所示的【字符】面板。其中，【字符】面板中设置的字体、字号、字形和颜色的方法与文字工具栏相同，下面介绍其余主要选项，说明如下。

① 设置行距：用于设置文本中每行文字之间的距离。

② 字距微调：用来设置两个相邻字符之间的间距，在两个字符之间单击，数值越小，间距越小；数值越大，间距越大。

③ 间距微调：可以对字符之间的间距进行微调，数值越小，间距越小；数值越大，间距越大。

④ 基线偏移：在该文本框中输入数值，可以设置字符上移或下移的具体数值。输入正值时，字符水平上移；输入负值时，字符水平下移。

⑤ 水平缩放：设置水平缩放的比例。

⑥ 垂直缩放：设置垂直缩放的比例。

⑦ 特殊字体样式：用于设置不同的文字样式，包括粗体、斜体、下划线、删除线等效果，多种字体样式可以进行叠加使用。

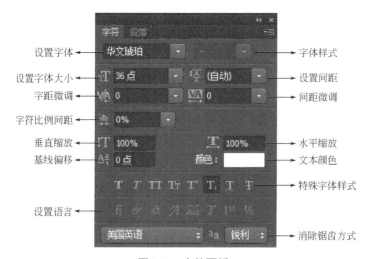

图4-13　字符面板

（2）段落面板

执行【窗口】的【段落】命令，或者单击【文字】工具栏中的■按钮，即可弹出【字符】面板，在【字符】面板任务栏右侧即是【段落】面板，如图4-14所示，在【段落】面板中，主要选项说明如下。

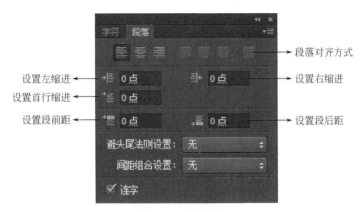

图4-14　段落面板

① 左缩进：用于设置文字左缩进的距离，横排文字设置文字的左边缩进，直排文字设置文字的顶部缩进。缩进数值越大，缩进的距离越大；缩进数值越小，缩进的距离越小。

② 右缩进：用于设置文字右缩进的距离，横排文字设置文字的右边缩进，直排文字设置文字的底端缩进。缩进数值越大，缩进的距离越大；缩进数值越小，缩进的距离越小。

③ 首行缩进：用来设置文字首行缩进。

✧ 任务实现

1.“律师名片”正面

① 执行【文件】菜单—【新建】命令，在弹出如图4-15所示的"新建"对话框中，设置宽度为94毫米，高度为58毫米，分辨率为300像素/英寸，颜色模式为RGB，背景内容为白色，单击"确定"按钮，完成画布的创建。

② 在画面上下左右2毫米处建立参考线，设置出血线位置，参考线建立效果如图4-16所示。

图4-15　新建对话框

图4-16　参考线建立效果

③ 选择【工具面板】中的【矩形选框工具】■，在其选项栏中设置"样式"为固定大小，宽度为27毫米，高度为58毫米，选项栏如图4-17所示。在画布中单击即可创建一个27

毫米×58毫米的矩形选区，将其拖动到合适的位置，释放鼠标，选区效果如图4-18所示。

图4-17　选框工具选项栏

④ 选择【工具面板】中的【圆形选框工具】○，单击属性栏中"从选区减去"选项，设置"样式"为固定大小，设置宽度为34毫米，高度为58毫米。在画布中单击即可创建一个34毫米×58毫米的椭圆形选区，在鼠标释放之前将其拖动到如图4-19所示的位置，释放鼠标，在图像上可得到一个图4-20所示的新的选区。

⑤ 执行【Shift+Ctrl+Alt+N】组合键，新建图层1，将前景色设置为蓝色（RGB：10、60、120），按【Alt+Delete】组合键为图层1填充蓝色，填充效果如图4-21所示。

图4-18　矩形选区绘制效果

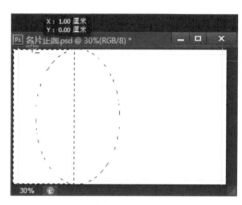

图4-19　"从选区减去"绘制过程

⑥ 选择背景层，执行【Shift+Ctrl+Alt+N】快捷键，新建图层2。将背景色设置为黄绿色（RGB：190、210、40），执行【Ctrl+Delete】组合键，为图层2的选择区域填充黄绿色，图层面板状态如图4-22所示。

⑦ 执行【Ctrl+D】组合键，取消选区，选择【工具面板】中的【移动工具】，将图层2移动到如图4-23所示的位置。

⑧ 执行【Ctrl+T】组合键，为图层2添加自由变换框，单击如图4-24所示"自由变换工具"属性栏上的"在自由变换和变形模式之间切换"属性，为图层2添加如图4-25所示的变形框，拖曳变形框上的点，改变图层2的形状如图4-26所示，调整好形状后单击属性栏上的"提交变换"属性，确认变形。

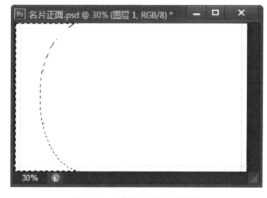

图4-20　选区减去后效果

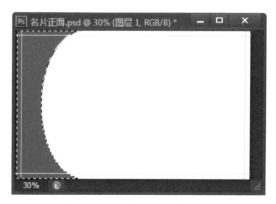

图4-21　选区填充蓝色效果

图4-22 图层面板状态

图4-23 图层2移动位置

图4-24 "自由变换工具"属性栏

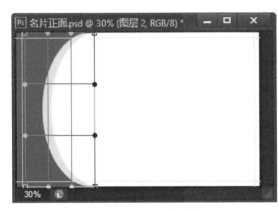

图4-25 变形框添加效果

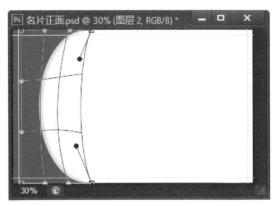

图4-26 变形框变形状态

⑨ 执行【视图】中的【新建参考线】，弹出【新建参考线】对话框，参数设置如图4-27所示。单击 确定 按钮，即可添加一条水平参考线。

⑩ 多次执行【视图】中的【新建参考线】命令，在弹出的如图4-27所示的【新建参考线】对话框中，分别将【位置】参数设置为"0.7厘米"，"1.2厘米"，"1.7厘米"，"1.8厘米"，"1.85厘米"，在画面中完成水平参考线的设置。

⑪ 继续利用【视图】中的【新建参考线】命令，添加垂直参考线，将【位置】参数分别设置为"1.7厘米"，"2.3厘米"，"2.6厘米"，"2.9厘米"，"3.5厘米"在画面中完成垂直参考线的设置，新建参考线完成情况如图4-28所示。

⑫ 选择【工具面板】中的【多边形套索工具】 ，鼠标左键沿着参考线交点单击，绘制出如图4-29所示的平行四边形选区。

⑬ 选择图层1，按下【Shift+Ctrl+Alt+N】快捷键，新建图层3，将前景色设置为蓝色（RGB：10、60、120），按【Alt+Delete】组合键填充为蓝色，执行【Ctrl+D】组合键，取消选区，填充效果如图4-30所示。

⑭ 选择【工具面板】中的【套锁工具】 ，鼠标左键沿着参考线交点单击继续绘制出如图4-31所示的梯形。

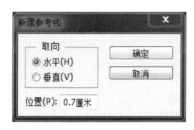

图4-27　新建参考线

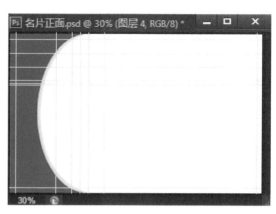

图4-28　新建参考线效果

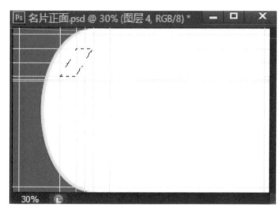

图4-29　平行四边形绘制效果

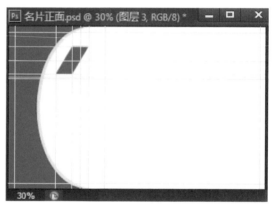

图4-30　选区填充蓝色效果

⑮ 按下【Shift+Ctrl+Alt+N】快捷键，新建图层4，将背景色设置为黄绿色（RGB：190、210、40），按【Ctrl+Delete】组合键填充为黄绿色，执行【Ctrl+D】组合键，取消选区，填充效果如图4-32所示。

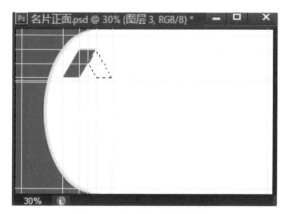

图4-31　梯形选区绘制效果

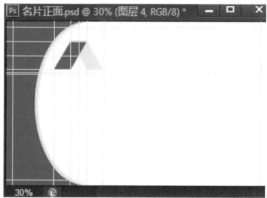

图4-32　黄绿色填充效果

⑯ 执行【视图】菜单—【新建参考线】命令，弹出【新建参考线】对话框，将【取向】调到水平，分别设置在"0.8厘米"，"1.3厘米"位置处建立两条水平参考线。

⑰ 选择【工具面板】中的【多边形套锁工具】，鼠标左键沿着参考线交点单击，绘制出如图4-33所示的平行四边形选区。执行【Delete】键，删除选区中的像素，按

【Ctrl+D】取消选区，删除效果如图4-34所示。

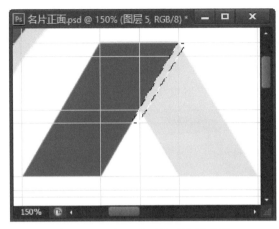
图4-33 平行四边形选区绘制效果

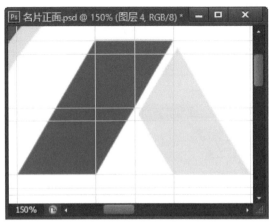
图4-34 像素删除效果

⑱选择【工具面板】中的【矩形选框工具】 ，在如图4-35所示的矩形选框工具栏上设置"样式"为固定大小，宽度为18毫米，高度为0.5毫米，在画布中单击创建一个18毫米×0.5毫米的矩形选区，将其拖动到如图4-36所示的辅助线位置，释放鼠标。

图4-35 选项栏设置

⑲执行【Shift+Ctrl+Alt+N】组合键，新建图层5，将前景色设置为蓝色（RGB：10、60、120），按【Alt+Delete】组合键填充为蓝色，填充效果如图4-37所示。

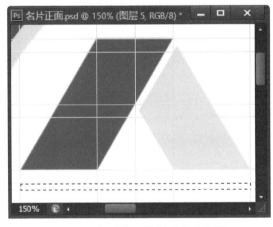
图4-36 矩形选区绘制并移动位置

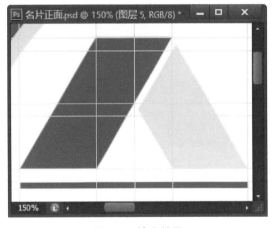
图4-37 填充效果

⑳选择【工具面板】中的【横排文字工具】 ，属性设置如图4-38所示，设置"文字字体"为Adobe楷体Std、"字体大小"为12点、"文本颜色"为黑色RGB（0、0、0），在画布中单击，输入中文字符"正大律师事务所"，单击选项栏中的"提交当前所有编辑"按钮 ，完成当前文字的编辑，文字输入效果如图4-39所示。

图4-38 字体属性设置

㉑ 选择输入的文字，选择效果如图4-40所示，单击"文字工具"属性栏中的"切换字符和段落面板"属性，在如图4-41所示的字符面板中将"垂直缩放"属性设置为120%，字符间距属性设置为−100，单击选项栏中的"提交当前所有编辑"按钮☑，完成当前文字的编辑。

㉒ 选择【工具面板】中的【移动工具】▶◆，将文字移动到合适的位置，移动效果如图4-42所示。鼠标放到参考线上，指针形状变为双向箭头◆┃◆指示形状时，按下鼠标左键并拖曳参考线到画布外，删除参考线，用相同的办法将删除除"出血线"之外的所有参考线。

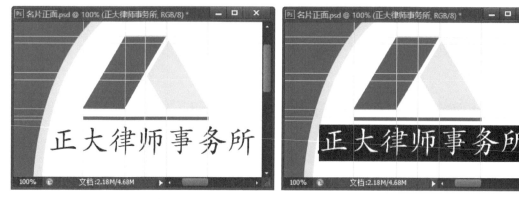

图4-39　文字输入效果　　　　　　　　　图4-40　文字选择效果

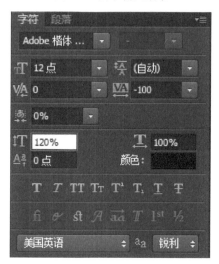

图4-41　字符面板设置状态　　　　　　　图4-42　字符设置并移动效果

㉓ 按住【Shift】键，选择"正大律师事务所"文字层到"图层3"之间的所有层，选择效果如图4-43所示，执行【Ctrl+E】组合键，将选中的图层合并，合并效果如图4-44所示。

㉔ 执行【图层】菜单—【重命名图层】命令，将图层名称命名为"事务所标志"，重命名效果如图4-45所示。

㉕ 选择【工具面板】中的【横排文字工具】T，在字符面板中设置"文字字体"为华文细黑、"字体大小"为18点、"文本颜色"为黑色RGB（0、0、0），字符间距调整为100，输入"张瑾瑜"文字内容，输入效果如图4-46所示。

㉖ 在字符面板设置"文字字体"为Adobe 楷体Std、"字体大小"为10点，字符间距调整为0，按住鼠标左键在画布中拖曳，创建一个段落定界框后，输入"律师"文字内容，输入效果如图4-47所示。单击选项栏中的"提交当前所有编辑"按钮☑，完成当前文字的编辑。

图4-43 图层选择效果

图4-44 图层合并效果

图4-45 图层重命名效果

图4-46 "张瑾瑜"文字输入效果

图4-47 "律师"文字输入内容

㉗ 在字符面板中设置"文字"为Adobe仿宋Std、"字体大小"为6点、"文本颜色"为黑色(RGB:0、0、0),字符间距为-50,在中文字符"张瑾瑜"之下,按住鼠标左键并拖动,再次创建一个合适的定界框,并输入"执证证编号:14100000000000000"文字内容,单击选项栏中的"提交当前所有编辑"按钮✓,完成当前文字的编辑。选择【工具面板】中的【移动工具】▶➕,调整文字位置,调整效果如图4-48所示。

图4-48 "执证编号" 文字内容输入效果

㉘ 选择【工具面板】中的【矩形选框工具】 ，在属性栏中设置"样式"为固定大小，宽度为50毫米，高度为0.2毫米，鼠标左键单击创建一个50毫米×0.2毫米的矩形选区，并将其移动到如图4-49所示的位置。

㉙ 执行【Shift+Ctrl+Alt+N】组合键，新建图层3，将前景色设置为黑色，按【Alt+Delete】组合键为选区填充为黑色，按【Ctrl+D】取消选区。填充效果如图4-50所示。

图4-49 选区创建并移动效果

图4-50 选区填充效果

㉚ 选择【工具面板】中的【横排文字工具】 ，在属性栏中单击"切换字符和段落面板" ，在"字符"面板中设置"文字"为Adobe 仿宋 Std、"字体大小"为8点、"行距"为12点、"字距"为-50、"文本颜色"为黑色，设置参数如图4-51所示。

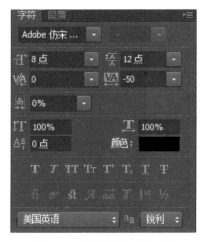

图4-51 字符面板参数设置

图4-52 文字输入效果

㉛ 在中文字符"张瑾瑜"之下，按住鼠标左键并拖动，创建一个合适的定界框，并在定界框中，输入中文字符"办公地址：黑龙江哈尔滨市香坊区学府路副74-6号正大律师事务所"、"电话：13766666666 18800000000"等内容，文字内容输入效果如图4-52所示。单击选项栏中的"提交当前所有编辑"按钮，完成当前文字的编辑。

㉜ 执行【文件】菜单—【存储为】命令，存储图像。

2. "律师名片"背面

① 执行【文件】菜单—【新建】命令，在弹出的"新建"对话框，宽度为94毫米，高度为58毫米，分辨率为300像素/英寸，颜色模式为RGB，背景内容为白色，单击"确定"按钮，完成画布的创建。

② 选择【工具面板】中的【移动工具】，将"律师名片正面"中"事务所标志"移动到当前画布当中，生成图层1。按住【Ctrl】键，单击"背景"层，将"背景"层和"图层1"同时选中，单击如图4-53所示移动工具属性栏上的"水平居中对齐"属性，对齐效果如图4-54所示。

图4-53　移动工具栏属性

图4-54　居中对齐效果

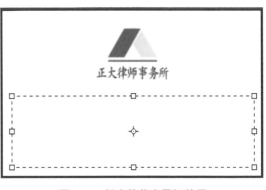

图4-55　创建段落定界框效果

③ 选择【工具面板】中的【横排文字工具】，在"图层1"下方创建一个如图4-55所示的段落定界框。

④ 单击文字工具属性栏中"切换字符和段落面板"属性，在"字符"面板中设置"文字"为Adobe黑体Std、"字体大小"为8点、"行距"为18点、"字距"为-50、"文本颜色"为黑色，设置参数如图4-56所示。

⑤ 设置完成后，在定界框中，输入"业务范围：刑事辩护、民事、行政代理"、"仲裁代理、代理申诉、执行"、"担任机关、企事业的法律顾问"、"签订各类合同、调解各类民事纠纷"和"法律业务咨询"文字内容，输入效果如图4-57所示。

⑥ 选择"业务范围："文字内容，将"字体大小"设置为14，"字距"设置为24，单击选项栏中的"提交当前所有编辑"按钮，完成当前文字的编辑，文字编辑效果如图4-58所示。

⑦ 将图层面板中的所有图层同时选中，选择【工具面板】中的【移动工具】，单击移动工具属性栏上的"水平居中对齐"属性，对齐调整效果如图4-59所示。

⑧ 执行【文件】菜单—【存储为】命令，存储图像。

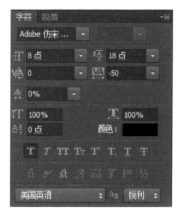

图4-56 字符面板参数设置

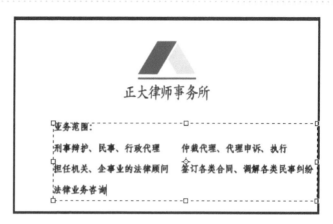

图4-57 文字输入效果

图4-58 "业务范围"文字编辑效果

图4-59 所有图层"水平居中对齐"效果

任务2 总监名片制作

◇ 先睹为快

本任务效果如图4-60、图4-61所示。

图4-60 名片正面

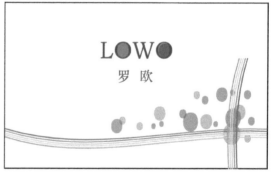

图4-61 名片背面

◇ 技能要点

自由变换命令

渐变工具

✧ 知识与技能详解

1. 变换命令

编辑菜单中的变换命令可以对图像进行缩放、旋转、扭曲、透视、翻转等变换操作，其所包含子命令如图4-62所示，前面案例中介绍了变换命令中的部分命令如缩放、旋转、水平翻转、垂直翻转等命令的使用方式，这里对其他命令做介绍。

（1）斜切和扭曲

执行斜切或扭曲命令时，可以为当前操作图层像素添加一个如图4-63所示的变换框，在执行斜切变换状态下，控制柄只能在变换控制框连线所定义的方向上进行斜切变换操作，从而使图像得到倾斜变换状态，斜切变换效果如图4-64所示。在执行扭曲变换命令时，通过拖曳控制点，可以使图像产生挤压和拉伸效果。扭曲变换效果如图4-65所示。

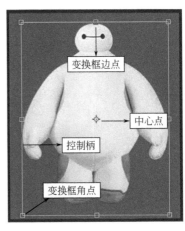

图4-62 变换命令中的子命令 　　　　图4-63 斜切变换框状态

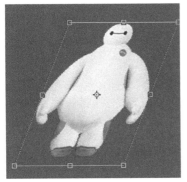
拖曳"变换框边点"

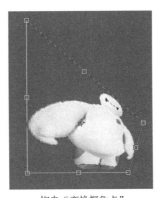
拖曳"变换框角点"

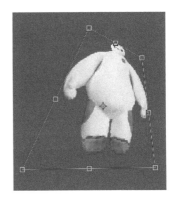

图4-64 斜切变换效果 　　　　图4-65 扭曲变换效果

（2）透视

在执行变换命令中的透视命令时，当拖曳某个"变换框角点"时，其拖曳方向上的另一个控制点会发生相反移动，可以得到对称的梯形，当拖曳"变换框角点"超出另一个控制点位置时，可以挤压图像，当拖曳的是"变换框边点"时，可以使图像变成平行四边形。透视变换效果如图4-66所示。

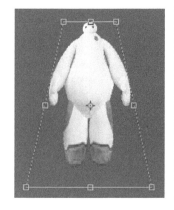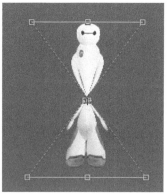

图4-66　透视变换效果

（3）变形

变形子命令可以将图像转换成多种预设形状，并且还可以使用自定义选项拖拉图像。执行变形命令时，可以为图像添加一个如图4-67所示的变换框，用户可以在变换控制框中调整各个控制点，来变换图像的形状，执行变形命令调整图像后变形效果如图4-68所示。

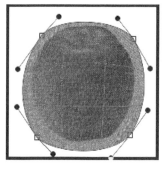

图4-67　变形框效果　　　　　　　　　　　图4-68　变形效果

2. 自由变换

执行编辑菜单中变换命令中的子命令时，在执行时，只能完成一个功能，例如想在同一个变换框中执行缩放和旋转，用变换命令中的子命令是无法完成的，它必须先执行一个缩放或旋转，确认之后，再通过另外一个子命令执行其他操作，自由变换命令没有这样的限制。它可用于在一个连续的操作中应用多种类型变换（旋转、缩放、斜切、扭曲和透视等），不必选取其他命令。在自由变换框添加状态下，通过右键快捷菜单或者按住某些辅助键就可在变换类型之间进行切换，下面对自由变换命令做详细介绍。

（1）右键快捷菜单执行自由变换命令

执行【编辑】菜单—【自由变换】命令（或组合键【Ctrl+T】），可以为图像添加自由变换框，在自由变换框中单击鼠标右键，在如图4-69所示的右键快捷菜单中可以多次选择要执行的变换命令，所有变换命令执行完毕后，单击属性栏中的"提交变换"按钮☑（或Enter键），完成当前变换编辑。

（2）快捷键执行自由变换命令

在自由变换框添加状态下，鼠标指针移动到控制点上，鼠标形状变成如图4-70所示形状时，拖曳鼠标可以缩放图像，鼠标放在变换框外部，当鼠标形状变成如图4-71所示时，拖曳鼠标可以旋转图像，按住【Shift】键不放，可等比例缩放所选图层像素，按住

【Alt+Shift】键不放，可以中心点为中心等比例缩放图像（中心点位置可以移动到任意位置）或翻转图像。按住Shift旋转图像时可以使变换框以15°角的倍数旋转图像，按住【Ctrl】键，鼠标左键拖曳"控制点边点"，可以使图像产生斜切和扭曲效果，按住【Ctrl+Shift+Alt】组合键，可以使图像产生透视变换效果，执行【Ctrl+Shift+Alt+T】组合键，可以使图像按照上一次变换的规则继续变换。

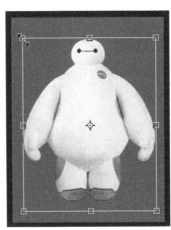

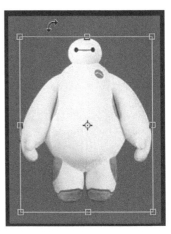

图4-69　自由变换右键快捷菜单　　　　图4-70　缩放标识　　　　　图4-71　旋转标识

3. 渐变工具

【渐变工具】是为当前选择区域或当前图层通过鼠标拖曳填充一种或一种以上的颜色，用于创建不同颜色间的混合过渡效果，巧妙地使用渐变工具，可使设计作品得到意想不到的效果。其属性栏如图4-72所示。

图4-72　渐变工具属性栏

① 点按可编辑渐变：鼠标左键单击"点按可编辑渐变"属性可以打开如图4-73所示的渐变编辑器对话框。在渐变编辑器对话框中可以在"预设"区选择编辑好的渐变颜色，也可以通过滑杆编辑渐变色。其中【不透明度色标】用来调整填充颜色的不透明度，【颜色色标】用来调整填充颜色。

● 色标的添加与删除

在滑杆的下方鼠标变为如图4-74所示的手形形状时，单击鼠标可以增加颜色色标，增加色标效果如图4-75所示。在滑杆的上方通过鼠标单击可以添加不透明度色标，来控制渐变色的不透明度。将鼠标移动到色标上并拖曳色标离开滑杆（或者选中色标，在"色标"栏的右下角选择 删除(D) 按钮）可删除色标。

● 更改色标颜色

选择颜色色标单击颜色: 按钮（或双击颜色色标），在弹出的如图4-76所示的颜色"拾色器"上，可以选择要更改的颜色，单击确定按钮，色标颜色发生变化。

● 设置不透明度色标

在渐变颜色条的上方单击，即可为色标添加不透明度。通过"色标"栏中的"不透明度"的数值大小，来调节不透明度的程度，通过"位置"可以设置不透明度色标所在的位置，如图4-77所示。

图4-73　渐变编辑器对话框

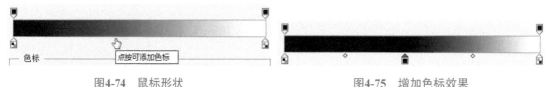

图4-74　鼠标形状

图4-75　增加色标效果

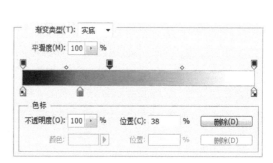

图4-76　拾色器对话框

图4-77　调整颜色透明度

② 渐变工具条 ：用于设置渐变的类型，分为线性渐变、径向渐变、角度渐变、对称渐变以及菱形渐变五种渐变的类型。

- 线性渐变：在所画直线范围内应用渐变，渐变效果如图4-78所示
- 径向渐变：以鼠标起点为圆心，向外部边缘辐射的渐变，渐变效果如图4-79所示。
- 角度渐变：围绕起点以逆时针扫描方式渐变，渐变效果如图4-80所示。
- 对称渐变：创建对称轴对称的两次直线渐变的效果，渐变效果如图4-81所示。
- 菱形渐变：以菱形的方式向外辐射渐变，效果如图4-82所示。

    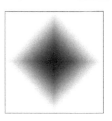

图4-78　线性渐变　　图4-79　径向渐变　　图4-80　角度渐变　　图4-81　对称渐变　　图4-82　菱形渐变

③ 模式 模式：正常 ：用来选择应用渐变时所需要的混合模式，分为正常、溶解、背后、变暗、正片叠底、颜色叠加等多种混合模式。

④ 透明度 不透明度：100% ：用来设置渐变效果的不透明度。

⑤ 反向 反向：用来转换渐变颜色的顺序，通过渐变颜色的转换，可以得到相反方向的颜色渐变效果。

⑥ 仿色 仿色：勾选此选项，可以使渐变的效果更加平滑。主要防止打印时出现条带化的现象，在屏幕绘制的过程中，勾选此选项并不能明显地体现出其作用，只有打印才会体现其效果，默认为勾选状态。

⑦ 透明区域 透明区域：可以制作包含透明像素的渐变，默认为勾选状态。

✧ 任务实现

1. "设计总监名片"正面

① 执行【文件】菜单—【新建】命令，在弹出的"新建"对话框中设置宽度为94毫米，高度为58毫米，分辨率为300像素/英寸，颜色模式为RGB，背景内容为白色，单击"确定"按钮，完成画布的创建。

② 选择【工具面板】中的【横排文字工具】T，属性设置如图4-83所示，"字体"为华文细黑，字体大小为18点，"文本颜色"为黑色GRB（0、0、0），在画布中单击，输入中文字符"宾芃"，输入如图4-84所示，单击选项栏中的"提交当前所有编辑"按钮✓，完成当前文字的编辑。

③ 在中文字符"宾芃"右下方，按住鼠标左键并拖动，创建一个如图4-85所示的定界框。

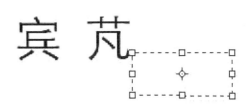

图4-83　设置文字工具属性栏

图4-84　输入文字效果　　　　　　　　　图4-85　定界框创建效果

④ 在文字工具属性栏中设置"字体"为华文细黑、字体大小为8点，"文本颜色"为黑色GRB（0、0、0），在定界框内输入中文字符"设计总监"，输入效果如图4-86所示，单击选项栏中的"提交当前所有编辑"按钮✓，完成当前文字的编辑。

⑤ 选择【工具面板】中的【移动工具】，将"设计总监"文字图层移动到合适的位置，移动效果如图4-87所示。

图4-86　输入文字　　　　　　　　　　　　图4-87　移动文字

⑥ 选择"设计总监"文字图层，按住【Ctrl】键，单击"宾芃"文字图层，同时选中"设计总监"文字图层和"宾芃"文字图层。选择如图4-88所示图层面板下方的"链接图层"按钮，将这两个图层链接在一起。

⑦ 执行【视图】菜单—【新建参考线】命令，分别在画布的位置0.7厘米处添加一条水平参考线，位置1.4厘米处添加一条垂直参考线，选择【工具面板】中的【移动工具】，将"设计总监"文字图层和"宾芃"文字图层移动到如图4-89所示的位置。

⑧ 选择【视图】中的【清除参考线】，将参考线清除。

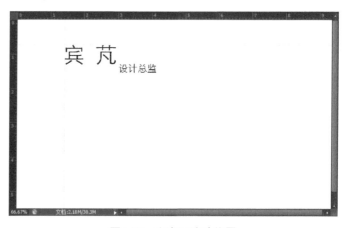

图4-88　图层面板　　　　　　　　　　　　图4-89　文字层移动位置

⑨ 执行【视图】菜单—【新建参考线】命令，在位置1.9厘米处添加一条水平参考线。

⑩ 选择【工具面板】中的【矩形选框工具】，属性设置如图4-90所示，"样式"为固定大小，宽度为43毫米，高度为3毫米，在画布中单击并将其拖动到如图4-91所示的位置，释放鼠标，创建一个43毫米×3毫米的矩形选区。

图4-90　矩形选框工具属性设置

⑪ 执行【Shift+Ctrl+Alt+N】组合键，新建图层1，将前景色设置为蓝色RGB（65、115、190），背景色设置为紫色RGB（155、75、155）。

⑫ 选择【工具面板】中的【渐变工具】（或使用快捷键G），在其属性栏中单击，"点按可打开预设框"按钮，在打开的预设框中选择"前景色到背景色渐变"，在"渐变样式"中选择线性渐变，其他默认，渐变工具属性设置如图4-92所示。

⑬ 将鼠标指针移动到矩形选区的左侧，按住【Shift】键，拖动鼠标指针至其右侧的位

置，拖动完成后释放鼠标，即可为"图层1"的矩形选区添加渐变颜色，渐变效果如图4-93所示。

⑭ 执行【视图】—【清除参考线】命令，将参考线清除，执行【Ctrl+D】组合键区取消选区，效果如图4-94所示。

⑮ 选择【工具面板】中的【横排文字工具】 T，在如图4-95所示的字符属性栏中设置"字体"为Adobe楷体Std、字体大小为6点，"文本颜色"为白色GRB（255、255、255），"字距"为-50。在画布中，输入"中国罗欧服装设计有限公司上海总院"文字内容。单击选项栏中的"提交当前所有编辑"按钮 ✅，完成当前文字的输入，输入效果如图4-96所示。

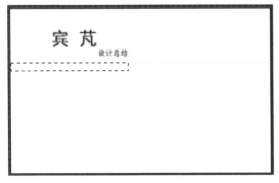

图4-91　矩形选区建立效果

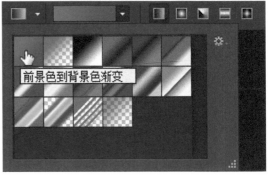

图4-92　建立矩形选区

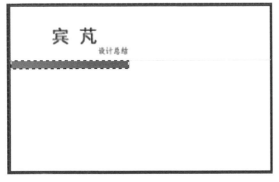

图4-93　渐变颜色填充效果

图4-94　参考线选区取消效果

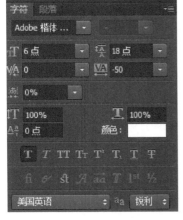

图4-95　字符面板参数设置

图4-96　文字输入效果

⑯按住【Ctrl】键，单击图层1，同时选中新建的文字图层和图层1，图层选择效果如图4-97所示，选择【工具面板】中的【移动工具】▶╋，单击移动工具属性中的"水平居中对齐"▣属性，对齐效果如图4-98所示。

图4-97　图层选择效果　　　　　　　　　图4-98　"水平居中对齐"效果

⑰在中文字符"中国罗欧服装设计有限公司上海总院"右方，按住鼠标左键并拖动，创建一个合适的定界框，在如图4-99所示的"字符"面板中设置"字体"为华文中宋、字体大小为24点，居中对齐文本，"文本颜色"为深灰色GRB（80、80、80），"字距"为-50，"样式"为加粗。

⑱在定界框中，输入英文字符"LOWO"，单击选项栏中的"提交当前所有编辑"按钮✔，完成当前文字的编辑，选择【工具面板】中的【移动工具】▶╋，将文字移动到合适的位置，文字输入并移动效果如图4-100所示。

图4-99　"字符"面板设置　　　　　　　　图4-100　文字输入并移动效果

⑲选择【工具面板】中的【椭圆选框工具】◯，其属性设置如图4-101所示，设置"样式"为固定大小，"宽度"为5毫米，"高度"为5.5毫米，在画布中单击并拖曳处绘制一个"5毫米×5.5毫米"的椭圆形选区，在如图4-102所示的位置释放鼠标左键。

图4-101　椭圆选区属性设置

⑳ 按下【Shift+Ctrl+Alt+N】快捷键，新建"图层2"。将前景色设置为蓝色（RGB：65、115、190），按【Alt+Delete】组合键将"图层2"填充为蓝色，执行【Ctrl+D】组合键取消选区，填充效果如图4-103所示。

图4-102 添加选区 　　　　　　　　　　　　　　图4-103 取消选区

㉑ 在画布中单击再创建一个"5毫米×5.5毫米"的椭圆形选区，并将其移动到如图4-104所示的位置。

㉒ 执行【Shift+Ctrl+Alt+N】组合键，新建"图层3"，将背景色设置为紫色（RGB：155、75、155），按【Ctrl+Delete】组合键为"图层3"填充为紫色，执行【Ctrl+D】组合键取消选区，填充效果如图4-105所示。

㉓ 按住【Ctrl】键，单击图层2，同时选中图层3和图层2，执行【图层】菜单—【排列】—【后移一层】命令，如图4-106所示，改变图层顺序后图像效果如图4-107所示。图层顺序改变前后图层面板状态如图4-108所示。

图4-104 选区创建并移动效果 　　　　　　　　　图4-105 填充效果

图4-106 执行菜单过程 　　　　　　　　　　　　图4-107 图像效果

㉔ 选择【工具面板】中的【横排文字工具】，在如图4-109所示的"字符"面板中设置"字体"为华文中宋、字体大小为14点，文本颜色为深灰色RGB（80、80、80），"字距"为500。在画布中单击出现闪动的竖线后，输入中文字符"罗欧"，单击选项栏中的"提交当前所有编辑"按钮，完成当前文字的编辑。

㉕ 选择【工具面板】中的【移动工具】，将"罗欧"移动到如图4-110所示的位置。

㉖ 按住【Shift】键，单击"LOWO"文字图层，选择"罗欧"文字图层到"LOWO"文字图层之间的所有层，选择效果如图4-111所示，执行【Ctrl+E】组合键，合并选择的图层，合并效果如图4-112所示。

㉗ 选择【工具面板】中的【横排文字工具】，在如图4-113所示的"字符"面板中设置设置"字体"为华文细黑、"字体大小"为6点，"行距"为9点，文本颜色为黑色RGB（0、0、0），按住鼠标左键并拖动，创建出一个定界框，创建完成后释放鼠标，此时定界框内会出现一个闪烁的光标，如图4-114所示。

图4-108　图层顺序改变前后图层面板状态

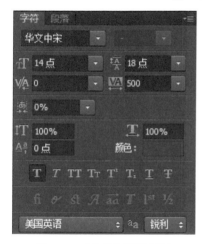

图4-109　"字符"面板设置　　　　　图4-110　"罗欧"文字内容输入并移动效果

㉘ 在定界框中，输入如图4-115所示的文字内容，单击选项栏中的"提交当前所有编辑"按钮✓，完成当前文字的编辑。

㉙ 选择【工具面板】中的【移动工具】▶+，将文字移动到如图4-116所示的位置。

㉚ 选择【工具面板】中的【矩形选框工具】▥，属性设置如图4-117所示，设置"样式"为固定大小，宽度为94毫米，高度为0.4毫米，在画布中单击创建一个如图4-118所示的94毫米 × 0.4毫米的矩形选区。

㉛ 按下【Shift+Ctrl+Alt+N】快捷键，新建"图层2"。设置前景色设置为紫色RGB（180、100、180），背景色为粉色RGB（230、160、170）。

图4-111 图层选中时图层面板状态

图4-112 图层合并后图层面板状态

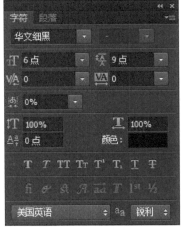

图4-113 "字符"面板设置效果

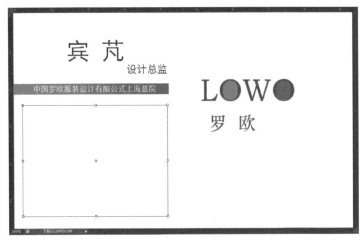

图4-114 定界框绘制效果

图4-115 输入的文字内容

图4-116 文字移动效果

图4-117 椭圆选框工具属性设置

㉜ 选择【工具面板】中的【渐变工具】 ▣（或使用快捷键G），在渐变预设框中选择"前景色到背景色"渐变，渐变样式选择"线性渐变"。将鼠标指针移动到矩形选区的左侧，按住【Shift】键，拖动鼠标指针至其右侧的位置，释放鼠标，即可为"图层2"的矩形选区添加渐变颜色，按【Ctrl+D】组合键取消选区，填充效果如图4-119所示。

图4-118 矩形选区绘制效果

图4-119 渐变填充效果

㉝ 执行【Ctrl+J】组合键，复制图层2生成副本，选择【工具面板】中的【移动工具】 ⊹，移动副本到如图4-120所示的位置。

㉞ 按住【Ctrl】键，鼠标左键单击如图4-121所示图层面板中"图层2副本"缩略图，载入如图4-122所示的选择区域。

㉟ 执行【X】键交换前景色与背景色，此时背景色为紫色RGB（180、100、180），将前景色改为蓝色RGB（75、150、210）。

㊱ 选择【工具面板】中的【渐变工具】 ▣（或使用快捷键G），为"图层2副本"填充蓝色到紫色的线性渐变。按【Ctrl+D】组合键取消选区，填充效果如图4-123所示。

图4-120 图层复制并移动效果

图4-121 图层面板状态

图4-122 选区载入效果　　　　　　　　　　图4-123 渐变填充效果

㊲ 执行【Ctrl+J】组合键三次，再生成三个"图层2副本"，图层2及副本在图层面板中状态如图4-124所示。

㊳ 选择"图层2副本2"，为"图层2副本2"添加绿色RGB（160、200、80）到蓝色RGB（75，150、210）的线性填充效果，并移动其位置。

㊴ 步骤同上，为"图层2副本3"添加黄色RGB（255、210、5）到绿色RGB（160、200、80）的线性填充效果，并移动其位置。

㊵ 步骤同上，为"图层2副本3"添加粉色RGB（230、160、170）到黄色RGB（255、210、5）的线性填充效果，并移动其位置。副本填充并移动效果如图4-125所示。

图4-124 图层2复制生成副本状态　　　　图4-125 图层2副本填充并移动效果

㊶ 按住【Shift】键单击"图层2副本4"和"图层2"，选择图层2及其副本，选择【工具面板】中的【移动工具】▶✥，单击如图4-126所示移动工具属性栏中的"垂直居中分布"属性，将五个长条图形等宽分布。

图4-126 移动工具属性

㊷ 执行【Ctrl+E】组合键合并图层2及其副本，图层面板合并前后效果如图4-127、图4-128所示。

图4-127　图层选中合并前图层面板状态

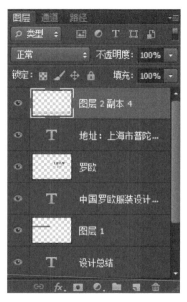

图4-128　选中图层合并后图层面板状态

㊸选择"图层2副本4"，执行【Ctrl+T】组合键，单击如图4-129所示"自由变换工具"属性中的"变形模式"属性，为图像添加如图4-130所示的变形框，将"图层2副本4"进行如图4-130所示变形（在变形过程中，要注意保证图形的宽度不被破坏），单击"提交变换" ▸⊣按钮（或按【Enter】键），确认变形。如图4-131所示。

图4-129　"自由变换工具"属性设置

图4-130　变形框添加效果

图4-131　变形过程

㊹执行【Ctrl+J】组合键，将"图层2副本4"进行复制，得到"图层2副本5"，复制图层后图层面板状态如图4-132所示。

㊺选择"图层2副本5"，执行【Ctrl+T】组合键，在自由变换框中单击鼠标右键，在弹出的如图4-133所示的右键快捷菜单中选择"旋转90度（顺时针）"，鼠标指针移动到变换框内拖曳到如图4-134所示的位置，按【Enter】键确认变换。

㊻执行【Ctrl+E】组合键，执行向下合并命令，将"图层2副本5"，合并到"图层2副本4"中。

图4-132 图层面板状态

图4-133 自由变换命令右键快捷菜单

㊼ 执行【图层】菜单—【重命名图层】命令，将"图层2副本4"命名为"线条"层，图层面板状态如图4-135所示。

㊽ 执行【文件】菜单—【存储为】命令，存储图像。

2．律师名片背面

① 执行【文件】菜单—【新建】命令，在弹出的"新建"对话框，宽度为94毫米，高度为58毫米，分辨率为300像素/英寸，颜色模式为RGB，背景内容为白色，单击"确定"按钮，完成画布的创建。

② 选择【工具面板】中的【移动工具】▶₊，将"正面"图像中的"罗欧"层移动到画布当中。

③ 按住【Ctrl】键，单击"背景"图层，同时将"背景层"和"罗欧"层选中。

④ 在移动工具属性栏中单击"水平居中对齐"属性▣，水平居中对齐效果如图4-136所示。

⑤ 选择【工具面板】中的【移动工具】▶₊，将"正面"图像中"线条"层移动到画布当中，移动效果如图4-137所示。

⑥ 执行【文件】菜单—【存储为】命令，存储图像。

图4-134 自由变换框移动位置

图4-135 图层面板状态

图4-136　水平居中对齐效果

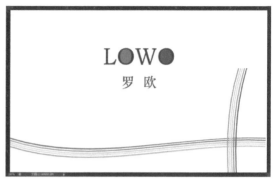

图4-137　背面完成效果

❖ 项目总结和评价

　　通过本项目的学习，学生对名片制作有了基本的了解，能极大提高学生的学习兴趣，通过学习学生掌握了文字工具的具体使用方法和使用技巧外，还了解了渐变的使用方法以及自由变换的应用，希望同学们在掌握基本的使用命令的前提下，能够熟练应用本项目的内容，为将来在实际工作中设计并制作图像打下基础。

思考与练习

1.　简答题

（1）在Photoshop中，自由变换的快捷键是什么？

（2）"渐变工具"的属性栏中，包括哪五种渐变方式？

2.　操作练习

为未来的或者现在的自己设计并制作一张名片。

项目 5

贺卡制作

✎ **项目目标**

使用画笔工具绘制背景圆形。使用圆角矩形工具、描边命令和投影命令制作产品底图。使用创建变形文字命令制作广告语的扭曲变形效果。使用添加图层样式命令制作特殊文字效果。使用创建剪贴蒙版命令制作旗帜图形。使用自定形状工具添加注册标志，如图5-1所示。

✎ **项目描述**

贺卡是生活中送祝福常用的手段之一，贺卡不但可以增进人与人之间的感情，还可以缩短彼此之间的距离，那么如果要自己制作一个贺卡送给朋友是不是很有意义的事情呢，那么今天我们要学习的是六一儿童节贺卡的制作。

任务1　贺卡主题背景制作

❖ 先睹为快

本任务效果如图5-1所示。

图5-1　贺卡主题背景效果

✧ 技能要点

椭圆工具
圆角矩形工具
投影样式

知识与技能详解

1. 椭圆工具

形状工具组如图5-2所示，通过形状工具组中的矩形工具、圆角矩形工具、椭圆工具、多边形工具、直线工具来绘制一些规则的几何形状，利用自定形状工具可以创建不规则的复杂形状。"椭圆工具" ⬭，是形状工具组的基础工具之一，经常用来绘制椭圆或圆形。

选中"椭圆工具"，椭圆工具属性栏中属性默认，按住鼠标左键在画布中拖曳，可创建一个如图5-3所示的椭圆，椭圆工具属性栏如图5-4所示。

图5-2　形状工具组　　　　　　　　　　　　图5-3　绘制椭圆效果

图5-4　椭圆工具属性栏

选择工具模式 形状 ：单击"形状"右侧的 按钮，会弹出一个如图 5-5 所示的包含形状、路径和像素 3 个选项的下拉列表。当选择"形状"选项时，在绘制图形时，会在图层面板中增加一个如图 5-6 所示的形状图层；选择"像素"选项时，会在当前图层中增加新绘制的像素，图层面板状态如图 5-7 所示；选择"路径"选项时，会绘制一个圆形路径，路径功能不在这里做介绍。每个选项所对应的工具属性也略有不同。

图5-5　下拉列表框　　　图5-6　"形状"属性图层面板状态　　　图5-7　"像素"属性图层面板状态

填充: ：单击此按钮，在弹出如图 5-8 所示的下拉面板中设置当前所绘制的椭圆形状的填充颜色。

▉▉▉ ：设置当前所绘制的椭圆形状边框的颜色。

▉▉▉ ：设置当前所绘制的椭圆形状边框的粗细。

▉▉▉ ：单击此按钮，在弹出如图5-9所示的下拉面板中设置当前所绘制的椭圆形状边框的类型。

▉▉▉ ：用于设置所绘制的矩形形状的宽度或椭圆的水平直径。

▉▉▉ ：保持长宽比，此按钮选中时，可按当前元素的比例进行缩放。

▉▉▉ ：用于设置所绘制的矩形形状的高度或椭圆的垂直直径。

椭圆选项▉：此下拉列表框如图5-10所示，包括四个单选按钮，提供了4种创建形状图形的方式；一个复选框，确保当前所绘制的形状是否以鼠标起点为中心。

● 不受约束：通过鼠标左键拖拽可以绘制任意大小的椭圆形状。

● 圆：选择此项，可以绘制任意大小的正圆形状。

● 固定大小：选择此项时，右侧"W（宽度）"和"H（高度）"文本框被激活，可以在文本框中输入宽度、高度的具体数值。选择此项时，只要在画面上单击鼠标左键就可以绘制出固定大小的椭圆形状。

● 比例：选择此项时，右右侧"W（宽度）"和"H（高度）"文本框被激活，在文本框中可以输入数值，鼠标左键拖拽可以绘制出长宽比的椭圆形状图形。

● 从中心：此复选框选中时，会绘制一个以鼠标起点为中心的椭圆形状。

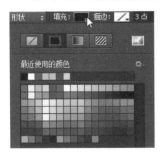
图5-8 填充下拉列表框

图5-9 边框类型列表框

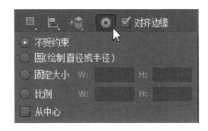
图5-10 椭圆选项列表框

2. 圆角矩形工具

选中圆角矩形工具▉时，在图像窗口中拖动鼠标左键即可建立任意大小的圆角矩形形状图形。圆角矩形可以看成是具有圆滑拐角的矩形。其属性栏如图5-11所示。从圆角矩形工具的属性栏中，我们看到除增加半径属性外，其他选项与椭圆工具属性相同。

图5-11 圆角矩形工具属性栏

▉▉▉ ："半径"用来控制圆角矩形圆角的平滑程序，半径值越大，圆角越大。从左到右半径依次是0、10、30的圆角矩形效果如图5-12所示。

图5-12 半径依次是0，10，30的圆角矩形效果

3. 投影样式

图层样式是创建图层特效的重要手段，通过图层样式的添加有助于增加图层像素的表现力。Photoshop提供了多种图层样式效果，这里重点介绍投影样式效果。

（1）图层样式的添加方法

① 执行【图层】菜单—【图层样式】，在如图5-13所示的子菜单中选择要添加的图层样式。

② 单击如图5-14所示的图层面板下方的"添加图层样式"按钮 fx，在弹出的列表框中选择要添加的图层样式。

③ 在图层面板中，双击要添加样式的图层，打开如图5-15所示的对话框，在对话框中选择要添加的图层样式。

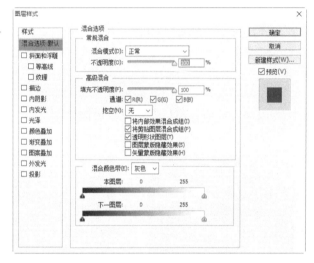

图5-13　图层样式　　　图5-14　图层面板上　　　　　图5-15　图层样式对话框
　　　　子菜单　　　　　　　的图层样式按钮

（2）投影样式参数介绍

投影样式可以在图层像素背后添加阴影效果，使其产生立体感，添加投影样式前后图像对比效果如图5-16所示。投影样式主要参数如图5-17所示，部分参数含义如下。

图5-16　图层添加投影样式前后对比效果

① "结构"选项组。在设置投影效果时，在"结构"选项组中可以设置投影的颜色、不

透明度、方向、距离等参数，以控制投影的变化。

- 混合模式：用于设置阴影与下方图层的色彩混合模式，默认为"正片叠底"，单击右侧的颜色块可以设置阴影的色彩。
- 不透明度：设置阴影的不透明度，数值越大，阴影颜色越深。
- 角度：用于设置光线照射角度，阴影的方向会随角度的变化而变化。
- 使用全局光：可以为同一图像中所有图层的图层样式设置相同的光线照射角度。
- 距离：用于设置投影与图像的距离，值越大，距离越远。
- 扩展：默认情况下，阴影的大小与图层大小一致，如果增大数值，可以加大阴影。
- 大小：设置投影的柔滑效果，值越大，柔滑效果越大。

② "品质"选项组。通过该选项组可以控制阴影的程度，包含如下选项。

- 等高线：在该选项中，可以在如图5-18所示的"等高线"列表框中选择一个已有的等高线效果应用于阴影，也可以双击某个等高线效果，在打开的等高线编辑器对话框中进行编辑。

图5-17 投影样式相关参数

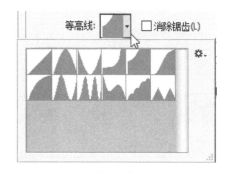

图5-18 "等高线"下拉列表框

- 杂色：设置投影中颗粒的数量，值越大，数量越多。
- 图层挖空投影：控制半透明图层中投影的可见性。

✧ **任务实现**

① 执行【Ctrl+N】组合键，弹出"新建"对话框，建立一个名称为"儿童节贺卡"，宽度为21.6厘米，高度为15.6厘米，分辨率为72像素/英寸，颜色模式为RGB，背景内容为白色的新画布，单击"确定"按钮。

② 选择【工具面板】中的【渐变】工具，单击属性栏中的"点按可编辑渐变"按钮，弹出如图5-19所示的"渐变编辑器"对话框，在渐变编辑栏中将左侧色标设置为绿色RGB（80，175，0），右侧色标设置为浅绿色RGB（0,100,0），单击"确定"按钮。

③ 按住【Shift】键，在画布中从上到下拖曳鼠标左键，填充画布，渐变填充效果如图5-20所示。

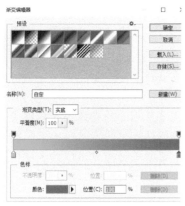

图5-19　"渐变编辑器"对话框

图5-20　"渐变填充"效果

④ 执行【Ctrl+Shift+Alt+N】组合键，新建图层1。

⑤ 执行【图层】菜单—【重命名图层】命令，将"图层1"命名为"圆形"。

⑥ 将前景色设置为浅绿色RGB（130,210,90）。选择【工具面板】中的【椭圆】工具，在如图5-21所示的椭圆工具属性栏中的"工具模式"属性中选择"像素"属性。

图5-21　椭圆工具属性栏设置

⑦ 按住【Shift】，在画布中绘制一个如图5-22所示的正圆形，单击如图5-23所示图层面板中的"不透明度"选项，调整"圆形"图层的不透明度为50%，调整效果如图5-24所示。

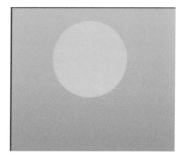

图5-22　正圆绘制效果　　　图5-23　图层面板不透明度选项　　　图5-24　不透明度调整效果

⑧ 选择【工具面板】中的【椭圆】工具，在椭圆选框工具属性栏"工具模式"属性中选择"形状"属性，绘制一个如图5-25所示的椭圆，图层面板中生成"椭圆1"形状层，图层面板状态如图5-26所示。

⑨ 执行【Ctrl+T】组合键旋转并移动"椭圆1"形状层，执行【Enter】键，确认变换，旋转移动效果如图5-27所示。

⑩ 执行【Ctrl+E】组合键，将"椭圆1"形状层合并到圆形层中，选择【工具面板】中的【移动工具】，将"圆形"层移动到如图5-28所示的位置。

⑪ 执行【Ctrl+J】组合键三次，复制"圆形"层，生成三个副本，图层面板状态如图5-29所示。

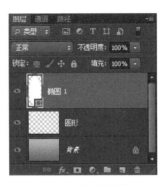

图5-25 椭圆绘制效果　　　图5-26 图层面板状态　　　图5-27 椭圆旋转移动效果

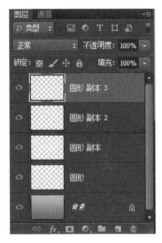

图5-28 圆形层移动位置　　　　　　图5-29 图层面板状态

⑫ 单击"圆形副本"层，使其成为当前操作图层，执行【Ctrl+T】组合键，按住【Alt+Shift】拖曳变换框角点等比例缩放像素，并移动其位置，执行【Enter】键，确认变换，缩放移动效果如图5-30所示。

⑬ 同理缩放其他副本层并移动其位置，副本层缩放移动效果如图5-31所示。

图5-30 "圆形副本"层缩放移动效果　　　图5-31 其他副本层缩放移动效果

⑭ 单击"圆形"层，使其成为当前操作图层，单击如图5-32所示的"背景"层的眼睛图标，隐藏"背景层"，执行【Shift+Ctrl+E】组合键，合并可见图层，将所有副本层合并到

"圆形"层中，显示背景层。

⑮ 选择【工具面板】中的【圆角矩形】工具，在属性栏中将"工具模式"属性设置为"形状"属性，"圆角半径"设为20px，在图像窗口中拖曳鼠标左键绘制如图5-33所示的圆角矩形。

图5-32　指示背景层可见性　　　　　　　图5-33　圆角矩形形状绘制效果

⑯ 执行【Ctrl+T】组合键，添加自由变换框，在自由变换框中单击鼠标右键，在弹出的快捷菜单中选择"透视"命令，拖曳左侧的变换角点，使图像透视变换，透视变换效果如图5-34所示。

⑰ 单击自由变换工具属性栏中的"变形"，进行如图5-35所示的变形变换，按【Enter】键，确认变换。

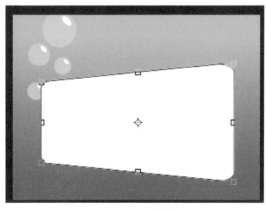

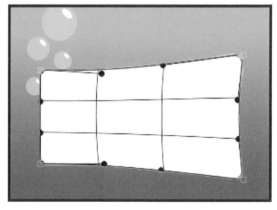

图5-34　透视变换效果　　　　　　　　图5-35　变形效果

⑱ 按住【Ctrl】键，单击"圆角矩形"图层的图层缩览图，载入选区。执行【Ctrl+Shift+Alt+N】组合键新建图层并将其命名为"圆角描边"。

⑲ 将前景色设为墨绿色RGB（1，70，1），选择"矩形选框"工具，在选区内单击鼠标右键，在弹出的快捷菜单中选择"描边"命令，弹出"描边"对话框，参数设置如图5-36所示，单击"确定"按钮，按Ctrl+D键，取消选区，描边效果如图5-37所示。

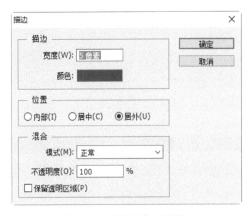

图5-36 "描边"对话框

图5-37 描边效果

⑳ 单击"图层"面板下方的"添加图层样式"按钮 *fx*，在弹出的菜单中选择"投影"选项，参数设置如图5-38所示，单击"确定"按钮，描边效果如图5-39所示。

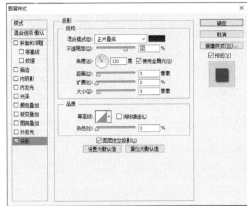

图5-38 投影样式参数设置

图5-39 添加投影样式效果

任务 2 添加卡通和主题文字

◇ 先睹为快

本任务效果如图5-40所示。

图5-40 添加卡通和主题文字

❖ **技能要点**

"描边"样式

❖ **知识与技能详解**

描边样式

"描边"样式可以使用颜色、渐变或图案为当前图层中的像素轮廓添加描边效果。添加描边样式前后图像对比效果如图5-41所示。"描边"样式参数如图5-42所示,部分参数说明如下。

图5-41　图层添加描边样式前后对比效果

- 大小:用于设置描边线条的宽度,值越大,宽度越宽。
- 位置:用于设置描边的位置,包括外部、内部、居中三个选项。
- 填充类型:用于选择描边的效果以哪种方式填充,其下拉列表框包括颜色、渐变、图案三个选项,当选择渐变选择时,其描边参数变为如图5-43所示,当选择图案选项时,其描边参数变为如图5-44所示。

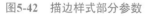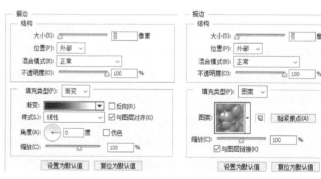

图5-42　描边样式部分参数　　图5-43　渐变类型描边样式参数　　图5-44　图案类型描边样式参数

❖ **任务实现**

① 执行【Ctrl+O】组合键,打开如图5-45所示的"第8章—素材—制作儿童节贺卡—小象"素材图片,选择【工具面板】中的【移动工具】▶╋,将图片拖曳到"儿童节贺卡"图像窗口中适当的位置,效果如图5-46所示。在"图层"控制面板中生成新的图层并将其命名为"图片"。图层面板状态如图5-47所示。

② 选择【工具面板】中的【魔棒工具】🪄，在小象层白色背景区单击，建立如图5-48所示的选择区域。执行【Delete】键，删除选区内像素，执行【Ctrl+D】组合键，取消选区，删除效果如图5-49所示。

图5-45 小象素材图片

图5-46 素材移动到图像窗口效果

图5-47 图层面板状态

图5-48 选择建立效果

图5-49 删除效果

③ 执行【Ctrl+T】组合键，在自由变换框内单击鼠标右键，在弹出的快捷菜单中选择"水平翻转"选项，按住【Alt+Shift】组合键，等比例缩放小象，执行【Enter】键，确认变换，小象翻转并缩放效果如图5-50所示。

④ 单击"图层"控制面板下方的"添加图层样式"按钮 *fx.*，在弹出的菜单中选择"投影"选项，弹出对话框，参数设置如图5-51所示，单击"确定"按钮，投影效果如图5-52所示。

图5-50 小象水平翻转并缩放效果

图5-51 投影样式参数设置

⑤ 选择【工具面板】中的【横排文字工具】 T，在字符面板中设置"字体"为"汉仪黑棋体"（可以用其他字体代替），"字号"为36，颜色为墨绿色RGB（10,80,10），"字符间距"为50。在图层控制面板中生成文字图层，文字输入效果如图5-53所示。

⑥ 在文字图层上单击鼠标右键，在弹出的快捷菜单中选择"栅格化文字"命令，将文字图层转换为普通图层。

图5-52　投影样式设置效果

图5-53　文字输入效果

⑦ 执行【Ctrl+T】组合键，按住【Ctrl】键，拖曳右侧顶端的控制点和中间的控制点，使图像扭曲变形，执行【Enter】键，确认自由变换操作，变换效果如图5-54所示。

⑧ 单击"图层"面板下方的"添加图层样式"按钮 fx，在弹出的菜单中选择"描边"样式选项，参数设置如图5-55所示。再选择"投影"样式选项，切换到相应的控制面板，参数设置如图5-56所示，单击"确定"按钮，效果如图5-57所示。

图5-54　扭曲变换效果

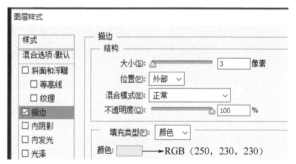

图5-55　"描边"样式设置

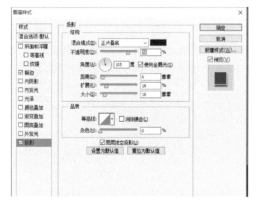

图5-56　"投影"样式参数设置

图5-57　样式设置效果

⑨ 选择【工具面板】中的【多边形套索工具】🖾，在图像窗口中鼠标左键单击绘制多边形选区。

⑩ 设置前景色为墨绿色RGB（10,80,10），执行【Ctrl+Shift+Alt+N】组合键，新建图层并将其命名为"形状"层，按【Alt+Shift】组合键用前景色填充，填充效果如图5-58所示。执行【Ctrl+D】组合键，取消选区。

⑪ 执行【Ctrl+J】组合键，生成"形状 副本"层。执行【Ctrl+T】组合键，在自由变换框内单击鼠标右键选择"旋转180度"，并将副本移动到如图5-59所示的位置，按【Enter】键确认变换。

图5-58　选区绘制并填充效果

图5-59　形状旋转并移动效果

任务3　贺卡纹饰制作

✧ 先睹为快

本任务效果如图5-60所示。

图5-60　贺卡主题背景效果

✧ 技能要点

转换点工具

直接选择工具
路径文字

✦ 知识与技能详解

1. 路径的构成

在Photoshop中路径是指使用贝赛尔曲线所构成的一段闭合的或者开放的曲线段，路径的主要功能是用于光滑图像选择区域的绘制，定义画笔等描绘工具的描绘轨迹，在辅助抠图上也突出显示了强大的可编辑性。

路径的形状如图5-61所示，说到"路径的构成"就不得不提到"锚点"，锚点是指路径上用于标记关键位置的转换点，路径通常由一个或多个直线或曲线的线段构成，线段的起点和终点由"锚点"来标记，即两个锚点确定一条线段。每个选择的锚点会显示一个或两个方向线，方向线以方向点结束。方向线和点的位置确定曲线段的大小和形状。移动这些元素会改变路径中曲线的形状。

锚点的两条方向线在同一条水平线上的点称为平滑点，由平滑点连接的线段是平滑的曲线路径；不在同一条水平线的点称为拐点，由拐点连接的线段是尖角曲线段路径。没有方向线的点称为角点，由角点连接的线段是直线段路径。当移动平滑点的某一条方向线时，该点两侧的曲线段路径会同时调整。当移动拐点的某一条方向线时，则只调整与方向线同一侧的曲线路径，调整状态如图5-62所示。

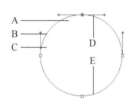 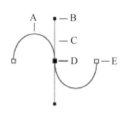 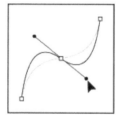 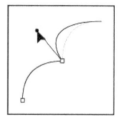

A：线段 B：方向点 C：方向线 D：选中的锚点 E：未选中的锚点

图5-61　闭合和开放的路径　　　　　　图5-62　平滑点和拐点方向线移动状态

2. 路径的绘制

图5-63　钢笔工具组

路径可以通过钢笔工具、自由钢笔工具、形状工具组进行绘制，也可以将现有选区转化成路径。Photoshop软件提供了一组用于生成、编辑、设置"路径"的工具组，它们位于Photoshop工具箱浮动面板中，如图5-63所示。钢笔工具是工具箱上钢笔工具组中默认的工具，其属性栏如图5-64所示（选择工具模式属性设置为路径进行介绍）。

| ✒ ▾ | 路径 ⬍ | 建立： | 选区… | 蒙版 | 形状 | ⬚ | 몸 | ⬚ | ⚙ | ☑ 自动添加/删除 | ☐ 对齐边缘 |

图5-64　钢笔工具属性栏

（1）绘制直线路径

选择"钢笔工具"在图像窗口中单击鼠标左键可以创建路径的第一个锚点，再次单击可以创建第二个锚点，锚点与锚点之间会自动连接一条直线路径，如图5-65所示，继续单击并回到起点时会创建一个由直线段构成的闭合路径，如图5-66所示，不回到起点，按住

【Ctrl】键，单击空白位置会建立一个开放路径，如图 5-67 所示。

图5-65　绘制直线路径　　　　图5-66　直线段构成的闭合路径　　　图5-67　直线段构成的开放路径

提示：按住【Shift】键，可绘制水平线段或垂直线段或 45°倍数的斜线段。

（2）绘制曲线路径

选择"钢笔工具"单击并拖曳鼠标左键创建路径的起始点，再次单击并拖曳鼠标左键可以创建一个"平滑点"，两个锚点之间会形成一条曲线，如图 5-68 所示；继续单击并拖曳鼠标左键创建平滑点，当回到起点时会建立一个由曲线段构成的闭合路径，如图 5-69 所示；按住【Ctrl】键，单击空白位置会建立一个由曲线段构成的开放路径，如图 5-70 所示。

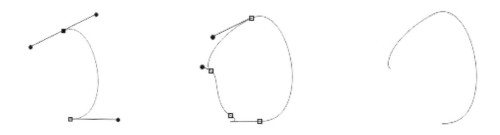

图5-68　绘制曲线路径过程　　　图5-69　曲线段构成的闭合路径　　　图5-70　曲线段构成的开放路径

提示：使用钢笔工具绘制路径时，按住【Ctrl】键不放，会将"钢笔工具"暂时变为"直接选择工具"，可以改变锚点的位置，或调整曲线路径的弧度。

提示：使用钢笔工具绘制路径时，按住【Alt】键不放，会将"钢笔工具"暂时变为"转换点工具"，利用"转换点工具"可以转换锚点的类型，如将平滑点转换成角点等。

（3）钢笔工具属性介绍

选择工具模式 路径 ：此下拉列表框提供形状、路径、像素 3 个选项，每个选项所对应的工具属性也不同（选择形状工具组后，像素选项才可使用）。

建立 建立： 选区… 蒙版 形状 ：可以使路径与选区、蒙版和形状之间的转换变得更加方便、快捷。绘制完路径后单击选区按钮，可弹出"建立选区"对话框，在对话框中设置完参数后，单击"确定"按钮即可将路径转换为选区；绘制完路径后，单击蒙版按钮可以在图层中生成矢量蒙版；绘制完路径后，单击形状按钮可以将绘制的路径转换为形状图层。

路径操作 ：此属性用法与选区工具栏上选区运算属性相同，可以实现路径的相加、相减和相交等运算。

路径对齐方式 ：可以设置路径的对齐方式（文档中有两条以上的路径被选择的情况下可用）与移动工具属性栏上的对齐方式类似。

路径排列方式![icon]：设置路径的排列方式。

钢笔选项![icon]：可以设置路径在绘制的时候是否连续。

自动添加/删除![自动添加/删除]：如果勾选此选项当钢笔工具移动到锚点上时，钢笔工具会自动转换为删除锚点状态；当移动到路径线段上时，钢笔工具会自动转换为添加锚点的状态。

对齐边缘![对齐边缘]：将矢量形状边缘与像素网格对齐（在类型中选择"形状"选项时，对齐边缘方可用）。

3. 路径的修改

在路径绘制中，如果绘制的路径不符合要求时，就需要对路径进行修改和调整，在修改路径的过程中就要用到添加锚点工具、删除锚点工具、转换点工具、直接选择工具。

（1）添加或删除锚点

① 添加锚点。使用钢笔工具组中的"添加锚点工具"可以在已经建立的路径上根据需要添加新的锚点，以便更精确地设置路径的形状；将"钢笔工具"移动到已创建的路径的锚点上，则"钢笔工具"会临时转换为"添加锚点工具"，在路径上单击即可添加一个锚点，如图5-71所示。

② 删除锚点。使用钢笔工具组中的"删除锚点工具"单击路径上已经存在的锚点，可以将该锚点删除；将"钢笔工具"移动到路径上已经存在的锚点上，则"钢笔工具"会临时转换为"删除锚点工具"，单击锚点即可删除，如图5-72所示。

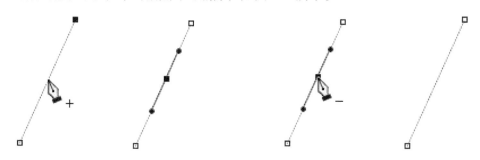

图5-71　添加锚点过程　　　　　　　　　　图5-72　删除锚点过程

（2）转换点工具

转换点工具可以转换锚点类型，可以让锚点在平滑点、拐点、角点之间互相转换，可以使路径线段在平滑曲线、尖角曲线和直线之间相互转换，首先用"直接选择工具"单击路径，显示出路径上的点，然后选择"转换点工具"，将光标移动到要转换的锚点上，即可以转换锚点的类型。

① "角点"与"平滑点"之间的转换。选择"转换点工具"，鼠标移动到锚点上，按下鼠标左键并拖曳，即可将"角点"转换成"平滑点"，如图5-73（左）所示，在"平滑点"上单击鼠标左键，即可将"平滑点"转换成"角点"，转换过程如图5-73（右）所示。

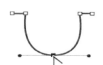

图5-73　"角点"与"平滑点"之间的转换

② "平滑点"与"拐点"之间的转换。选择"转换点工具"，鼠标放到"平滑点"某一方向线的方向点上，按住鼠标左键并拖曳，可以将"平滑点"转换成方向线不在同一条水平线的"拐点"，如图5-74（左）所示，鼠标放在锚点上单击鼠标左键并拖曳可以将"拐点"转换成"平滑点"，转换过程如图5-74（右）所示。

 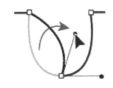  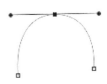

图5-74 "平滑点"与"拐点"转换过程

◇ **任务实现**

① 选择【工具面板】中的【钢笔工具】工具 ✍️，在图像窗口中绘制如图5-75所示的路径。执行【Ctrl+Enter】组合键，将路径转换为选区。

② 执行【Ctrl+Shift+Alt+N】组合键，新建图层并将其命名为"叶子"层。设置前景色为墨绿色RGB（10，80，10）执行【Alt+Delete】组合键，用前景色填充填充选择区域，填充效果如图5-76所示，执行【Ctrl+D】组合键，取消选择区域。

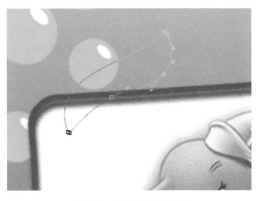

图5-75 路径绘制效果

图5-76 选区填充效果

③ 单击"图层"控制面板下方的"添加图层样式"按钮 *fx*，在弹出的菜单中选择"投影"选项，弹出对话框，将阴影颜色设为橙色RGB（255,120,0），其他选项的设置如图5-77所示，单击"确定"按钮，"投影"样式效果如图5-78所示。

④ 切换到路径面板，单击"路径1"，使其显示，设置前景色为黄色RGB（230,225,0），选择【工具面板】中的【横排文字工具】 T，在如图5-79所示的属性栏中设置"字体"为"方正少儿简体"，"字体大小"为18并设置大小，"字符间距"为75。

⑤ 鼠标移动到"路径1"上，鼠标形状变为如图5-80所示时，单击鼠标左键，录入如图5-81所示的文字内容，单击属性栏中的"提交当前所有编辑"按钮✓，完成当前文字的编辑。

⑥ 选择【工具面板】中的【移动工具】 ➤⁺，将文字层移动到如图5-82所示的位置。

⑦ 将"叶子"层拖曳到图层面板下方的"创建新图层"按钮 🔲 上进行复制，生成"叶子副本"层。

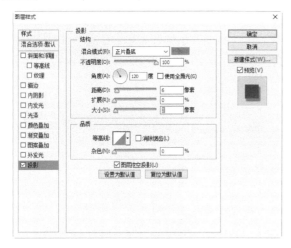

图5-77 "投影"样式参数设置

图5-78 "投影"样式添加效果

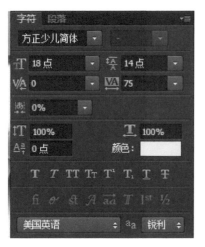

图5-79 字符面板设置

图5-80 鼠标形状变化

图5-81 文字录入效果

图5-82 文字层移动效果

⑧ 单击"叶子"层，使其成为当前操作图层，执行【Ctrl+T】组合键，旋转并适当缩放"叶子"层，并将其移动到如图5-83所示的位置。执行【Enter】键，确认变换。

⑨ 选择路径面板，单击"路径1"使路径显示，执行【Ctrl+T】组合键，旋转并适当缩放"路径1"，并将其移动到如图5-84所示的位置。执行【Enter】键，确认对路径的变换。

⑩ 选择【工具面板】中的【横排文字工具】T，输入"快快乐乐过六一"文字内容，并对文字调整，最终文字录入效果如图5-85所示。

图5-83　"叶子"层变换效果

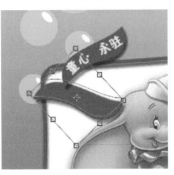
图5-84　"路径1"变换效果

图5-85　文字调整效果

任务4　制作标志图形

✧ 先睹为快

本任务效果如图5-86所示。

图5-86　贺卡主题背景效果

✧ 技能要点

自定形状工具

✧ 知识与技能详解

自定义形状工具

选择"工具"面板中的"自定义形状工具"，其工具属性栏如图5-87所示。

图5-87 "自定义形状"工具属性栏

形状 ⬚ ：单击此按钮，可以打开如图5-88左图所示的形状库，在形状库中可以选择自己需要的形状。如果没有需要的形状，可以通过如图5-88右图所示的菜单选项载入需要的形状。如选择心形，绘制的形状如图5-89所示。

图5-88 形状库

图5-89 "自定义形状"工具绘制的心形形状

◇ **任务实现**

① 鼠标分别移动到水平标尺和垂直标尺上并向下拖曳图5-90所示的水平参考线和垂直参考线。

② 选择【工具面板】中的【椭圆选框】工具，鼠标放在参考线交点上，按住【Alt+Shift】组合键，绘制一个如图5-91所示的以鼠标起点为中心的正圆选区。

图5-90 参考线建立效果

图5-91 正圆选区绘制效果

③ 执行【Alt+Shift+Ctrl+N】组合键，新建图层并将其命名为"圆形描边"。

④ 设置前景色为墨绿色 GRG（10，80，10），在选区内单击鼠标右键，在弹出的右键快捷菜单中选择"描边"命令，弹出"描边"对话框，参数设置如图 5-92 所示，单击"确定"按钮，执行【Ctrl+D】组合键，取消选区，描过效果如图 5-93 所示，设置"圆形描边"图层的"不透明度"选项为 80%。

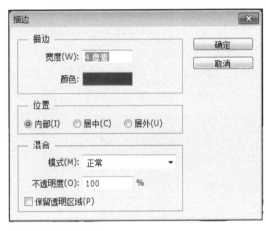

图5-92   描边参数设置   图5-93   描边效果

⑤ 执行【Alt+Shift+Ctrl+N】组合键，新建图层并将其命名为"半透明圆圈"。设置前景色为淡绿色 RGB（115，215，85）。选择"椭圆"工具 ，在属性栏中将"工具模式"属性设置为"像素"选项。按住【Alt+Shift】组合键绘制一个鼠标起点为中心的正圆，正圆效果如图 5-94 所示。

⑥ 设置图层面板右上方的"不透明度"为 60%，如图 5-95 所示，图层不透明度改变效果如图 5-96 所示。

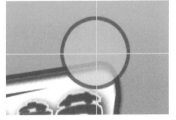

图5-94   正圆形状绘制效果   图5-95   图层不透明度设置位置   图5-96   不透明度设置效果

⑦ 执行【Alt+Shift+Ctrl+N】组合键，新建图层并将其命名为"圆环"，选择【工具面板】中的【自定形状工具】 ，自定形状工具属性设置如图 5-97 所示，"工具模式"属性选择"像素"选项，形状选择"圆形边框"，按住【Alt+Shift】组合键绘制一个如图 5-98 所示的圆环。

⑧ 选择【工具面板】中的【横排文字工具】 ，"字体"设置为"方正毡笔黑体"、字体大小为 130 点，在图像窗口中输入如图 5-99 所示红色文字 RGB（245,10,10）。

⑨ 执行【Ctrl+T】组合键，旋转字体方向，旋转效果如图 5-100 所示。

图5-97   自定形状工具属性设置

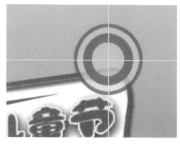
图5-98　圆环绘制效果

图5-99　文字输入效果

图5-100　文字旋转效果

⑩ 儿童节贺卡作品完成最终效果如图5-101所示，执行【文件】菜单—【存储为】命令，存储图像。

图5-101　儿童节贺卡最终效果

◇ 项目总结和评价

　　通过本项目的学习，学生对路径有了基本的了解，对于路径的绘制、路径的修改都有了初步的认识，在本项目中也应用了将路径转化为选区的功能。同时对于贺卡的制作也有了进一步的认识，希望同学们在掌握本项目知识点的前提下，能够熟练制作本项目的内容，为将来在实际工作中的设计与制作打下坚实的基础。

思考与练习

1．简答题

（1）锚点有哪几种类型?

（2）转换点工具的作用有哪些?

2．操作练习

　　在教师节来临之际，对知识综合运用，为你喜爱的教师制作一张贺卡，来表达你的谢意。

项目6

包装盒制作

项目目标

通过本项目的学习和实施，需要理解、掌握和熟练下列知识点和技能点：

了解包装的定义，包装设计的常识；

了解图层组的概念，熟练掌握使用图层组管理图层；

滤镜库的使用方法与技巧；

掌握调整命令，色阶的使用方法与技巧；

巩固图层、形状等工具的运用。

项目描述

包装设计是对商品或容器外包装进行艺术设计，包装的功能是为了保护商品、传达商品信息、方便使用、方便运输、促进销售、提高产品附加值。在进行包装设计时，应根据不同产品的特性和不同消费群体需求，通过不同的艺术处理和适当的印刷制作技术来完成设计。本项目通过带领读者一起完成台灯包装盒的制作，共同了解并熟悉包装设计流程及包装制作过程中涉及的Photoshop技能点。

任务1 台灯包装平面设计

◇ 先睹为快

本任务效果如图6-1所示。

◇ 知识与技能要点

包装常识

图层组

滤镜库

色阶

◇ 知识与技能详解

1. 包装设计常识

包装是使产品转化为商品并被销售的最后一道手续，它是对产品的容器及其包装的结构和外观进行的设计，使其在运输与售卖时有一个与其内容相符的外壳，具有一个完整而动人

图6-1　台灯包装平面图效果

的形象，目的是适合人的需要。包装设计大致分为：设计构思、印前准备、设计初稿、定稿、制作立体效果图、印前电脑制作、制造印刷版、成批印刷等。设计师的工作就是从设计稿到印刷前的制作，在本项目中主要是包装效果图的实现，其他的内容知识不做介绍，在制作包装效果图过程中要注意以下几点。

① 在确定包装设计方案后，要进一步确定包装的尺寸规格、纸张大小等、核对盒状包装6个面的相互关系，结构要十分清晰。

② 制作包装设计要注意上下左右各设计3mm的出血，这样在印刷后切割成品时不会露出白边。

③ 根据印刷工艺要求的网线确定输出的分辨率，以1∶2较为理想，即印刷为150dpi，设计时的分辨率设为300dpi。

2．图层组

图层组的主要功能是用来管理图层，解决图层面板过长的问题，简化图层面板。图层组可以将多个图层归为一个组，这个组可以在不需要操作时折叠起来，无论组中有多少图层，折叠后只占用相当于一个图层的空间。

（1）建立新图层组的方法

①【图层】菜单—【新建】—【组】。

② 单击图层面板下方的【创建新组】按钮，如图6-2所示。

③ 单击图层面板右侧的控制菜单中的【新建组】选项，如图6-3所示。

图6-2 "创建新组"按钮位置

图6-3 图层面板控制菜单创建组

采用以上方法新建组时，组的位置在建组时所选择的图层的上方，组的位置如图6-4所示，如没有选择图层，则所建立的组放在图层面板的最上方，组的位置如图6-5所示，并且新建的组处于打开状态。

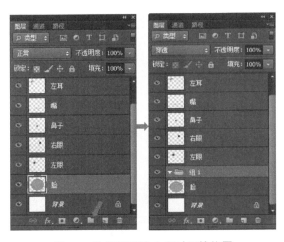

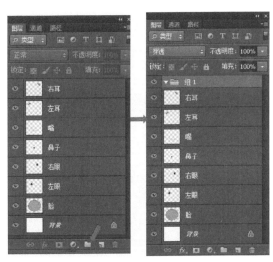

图6-4 选择图层建立组时组的位置

图6-5 不选择图层建立组时组的位置

（2）组管理图层

① 向空组中添加现有图层。选择一个或多个图层后，拖动选择的层到组的名称上，就可以完成将现有的图层添加到空组中，如图 6-6 所示，如果插入的是多个图层，各个图层仍保持原有的层次关系。

② 折叠组。单击图层组左方的三角形标志可以折叠图层组，折叠后的图层组只占用原先一个图层的位置，如图6-7所示。

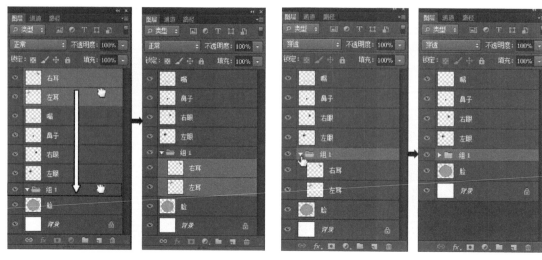

图6-6　向空组中添加现有图层的过程　　　　　　图6-7　折叠组的过程

③ 将组内图层移动到组外。如果要将图层组内的图层移动到组外，可以选择要移动的层后直接拖出。在拖动时，要注意要么将图层拖动到图层组的上方，要么拖动到图层组内最底部图层的下方。

④ 在组中新建图层。在图层组被选择并且图层组处于展开状态时，单击新建图层按钮，新建的图层会自动加入到所选择的图层组中，如图6-8所示。如果图层组处于折叠状态，新建的图层将不会归到图层组中。

⑤ 将多个图层直接组成组。除了在组中建立新图层或向组中添加图层外，我们也可以将多个图层直接组成图层组，方法是先选择多个图层，然后执行【图层】菜单—【新建】—【从图层建立组】命令，或执行【图层】菜单—【图层编组】命令，或按【Ctrl+G】键或将选择的图层拖曳到图层面板上的新建组命令上，如图6-9所示。

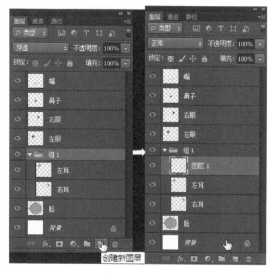

图6-8　在组中新建图层的过程

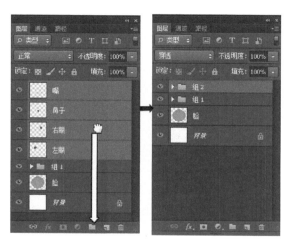

图6-9　将多个层直接组成组的过程

3. 滤镜库

"滤镜库"命令是将常用的滤镜组合在一个面板中，并以折叠菜单的方式显示，"滤镜库"可提供多种滤镜叠加效果的预览。用户可以为某个图像应用单个或多个滤镜、打开或隐藏滤镜的效果、重新调整每个滤镜的参数选项及更改滤镜的应用顺序，实现用户想要得到的效果。但滤镜库并不提供"滤镜"菜单中的所有滤镜。执行【滤镜】菜单—【滤镜库】命令，弹出如图6-10所示的"滤镜库"对话框。

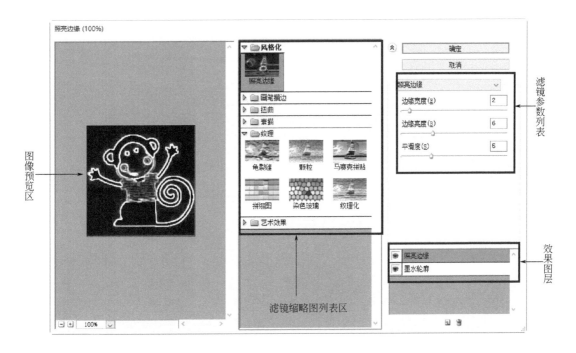

图6-10 滤镜库对话框

① 图像预览区：用于预览添加滤镜后图像效果。

② 滤镜缩略图列表区：包含6组滤镜，每组滤镜中都包含若干个滤镜，为图像添加滤镜库中的滤镜时，可以通过单击滤镜组前的▶按钮展开该滤镜组，查看该滤镜组中所包含的滤镜。

③ 滤镜参数列表：单击滤镜组中的某个滤镜即可使用该滤镜，与此同时，右侧的滤镜参数列表会显示所选择的滤镜的参数选项。

④ 效果图层：显示当前所使用的滤镜列表，单击"效果图层"前的👁按钮，可以隐藏或显示该滤镜。

⑤ 其他按钮：单击"新建效果图层"🗅按钮，可以创建效果图层，添加效果图层后，可以选取要应用的其他滤镜，从而为当前图像添加两个或两个以上滤镜效果。单击"删除效果图层"🗑按钮，可以删除当前效果图层。

4. 色阶

色阶命令可以精确调整图像中的明、暗和中间色调的亮度值，既可用于整个彩色图像，也可在每个彩色通道中进行调整，这是一条非常有用的命令。选择"图像"→"调整"→"色相/饱和度"菜单命令，打开如图6-11所示的"色阶"对话框，参数说明如下所述。

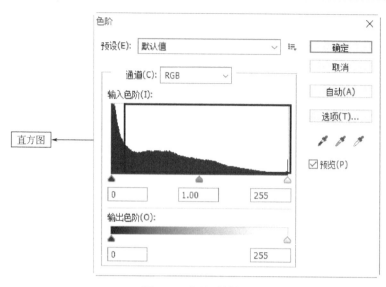

图6-11　色阶对话框

● 直方图：中间最大的框显示的是所有色彩的分布情况，用色彩亮度的直方图来表示，直方图的宽度表示从左边的黑色到右边的白色256种亮度，直方图的高度表示此亮度的像素数量。

● 通道：用来选择想要处理的彩色通道，色彩模式不同，通道也会不同，如果是RGB图像，则有RGB、红、绿和蓝 4个选项。选择不同的通道，就可以为这个通道指定相应的输入色阶和输出色阶值。

● 输入色阶：通过加深最暗的彩色和加亮最亮的彩色来修改图像的对比度。它有3个输入框，从左到右分别表示图像的暗区、中间色和亮区。暗区和亮区的取值范围都是0～255，中间色的取值范围是0.01～9.90。可以在输入框中输入数值来调节图像的对比度，也可以拖动直方图下面的滑竿来调节。在滑竿下面有3个调节三角，黑色三角表示图像中的暗区，灰色三角为中间色，白色三角为图像中的亮区。当调节这3个三角时，会自动在上面对应的输入色阶框中显示其数值。

如把暗区的值调节为35，则图像中亮度小于或等于35的像素就会变成黑色。如果把值调为255，则整个图像变成黑色。调节亮区值为210，则亮度大于或等于210的所有像素就会变成白色，如果把值设为0，则整个图像就变成白色。向右移动黑色三角，向左移动白色三角，同样可以使暗区更暗、亮区更亮，增加图像的对比度。中间色的输入值（Gamma值）范围是0.01～9.99，用来控制图中灰度的亮度色阶，即中间色调，它对暗区和亮区没有影响。拖动灰色三角向左移动，可以加亮中间色调。向右移动就会加暗中间色调。不过它只能在黑色三角和白色三角之间移动，也就是说黑色三角和白色三角之间的区域都是中间色。

● 输出色阶：通过加亮最暗的像素和加暗最亮的像素来缩减图像亮度色阶的范围。输出色阶只有两个输入框：暗区值和亮区值，也可通过下面滑竿的黑色三角和白色三角来控制。要调整最暗像素的亮度（指色阶滑竿中黑色三角所指的像素），可以在第1个输入框中输入数值或调节黑色三角滑块，输入值的范围是0～255，例如输入值35，则具有该色阶的像素就是图像中最暗的像素了。同样要调整最亮像素的亮度，可在第2个输入框中输入数值或调节白色三角滑块。

● 吸管工具：包含黑色吸管、灰色吸管、白色吸管3个吸管工具。

选择黑色吸管工具单击图像中的某个像素，Photoshop就会把该像素和所有暗于该像素的色彩变为黑色。

选择白色吸管工具单击图像中的某个像素，Photoshop就会把该像素和所有亮于该像素的色彩变为白色。

选择灰色吸管工具单击图像中的某个像素，Photoshop就会把该像素变为中性灰并相应调整所有其他的色彩，这个吸管工具可以消除图像中的偏色。

◇ 任务实现

① 按键盘中的【Ctrl+N】键，新建一个宽度为46.6厘米，高度为56.6厘米，分辨率为300像素/英寸，色彩模式为RGB，背景色为白色的文件。

② 按【D】键恢复默认的前景色和背景色。按【Alt+Delete】键用前景色填充背景层将背景层填充为黑色。按【Ctrl+R】键将标尺显示在页面中。

③ 执行【视图】菜单—【新建参考线】命令，打开如图6-12所示的新建参考线窗口，分别在0.3cm、46.3cm建立两条垂直参考线，在0.3cm、56.3cm建立两条水平参考线，在画布的上下左右四个位置各留下3mm的出血线，参考线位置如图6-13所示。

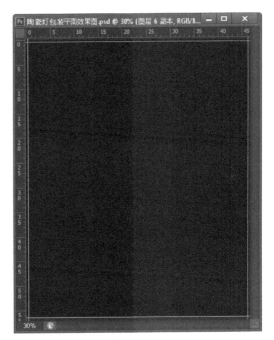

图6-12　新建参考线对话框　　　　　　　　图6-13　出血线位置

④ 继续垂直和水平建立参考线，建立的参考线的位置如图6-14所示，包括前面所建的四个出血线位置，其中垂直参考线的位置分别为10cm、0.3cm、2.3cm、13.3cm、24.3cm、35.3cm、46.3cm、46.6cm，水平参考线的位置分别是0cm、0.3cm、2.3cm、13.3cm、13.3cm、54.3cm、56.3cm、56.6cm，分割包装平面图的6个画面，并留出边缘。

⑤ 选择【工具面板】中的【多边形套索工具】按钮，在参考线相交点位置单击，绘制如图6-15所示的多边形选择区域。

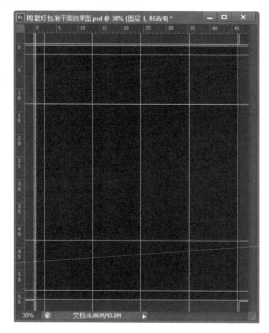

图6-14 参考线设置效果

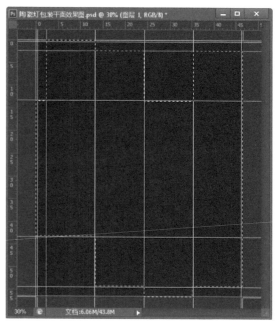

图6-15 选区绘制效果

⑥ 单击【视图】菜单—【显示】—【参考线】命令，隐藏参考线，选区效果如图6-16所示。

⑦ 单击【视图】菜单—【显示】—【参考线】命令，显示参考线，执行【图层】菜单—【新建】—【图层】命令，创建一新图层"图层1"。

⑧ 按【Ctrl+Delete】键，用背景色白色填充选择区域，按【Ctrl+D】键取消选择区域，填充效果如图6-17所示。

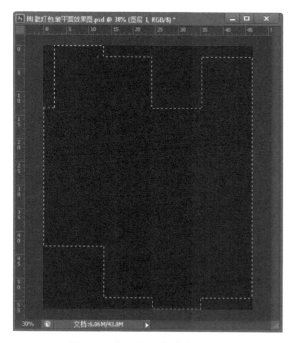

图6-16 参考线隐藏时选区效果

图6-17 选区填充白色效果

⑨ 选择【工具面板】中的【移动工具】，分别拖曳0cm、46.6cm处的垂直参考线，0cm、56.6cm处的水平参考线，将其移出画布，删除这四条参考线。

⑩ 单击【工具面板】中的【设置前景色】图标，打开如图6-18所示的拾色器（前景色）对话框，将前景色颜色设置成RGB（240，200，110）的黄色。

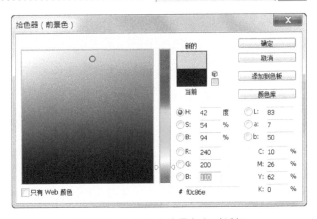

图6-18 拾色器（前景色）对话框

⑪ 执行【图层】菜单—【新建】—【图层】命令，创建一新图层"图层2"，选择【工具面板】中的【圆角矩形工具】，绘制如图6-19所示的圆角矩形，圆角矩形属性栏设置如图6-20所示。

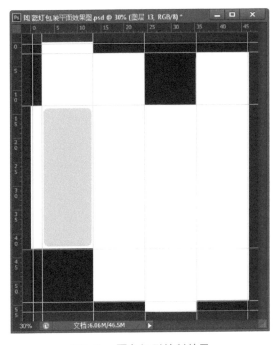

图6-19 圆角矩形绘制效果

图6-20 "圆角矩形"属性栏设置

⑫ 执行【滤镜】菜单—【滤镜库】命令，选择滤镜库中的纹理组中的【纹理化】滤镜，为圆角矩形添加纹理效果，"滤镜库"对话框参数设置如图6-21所示。

⑬ 执行【图层】菜单—【复制图层】命令，复制图层，再执行两次，生成三个副本，选择【工具面板】中的【移动工具】，分别移动三个副本，移动后效果如图6-22所示。

⑭ 执行【文件】菜单—【打开】命令，打开如图6-23所示的【牡丹】素材图片。

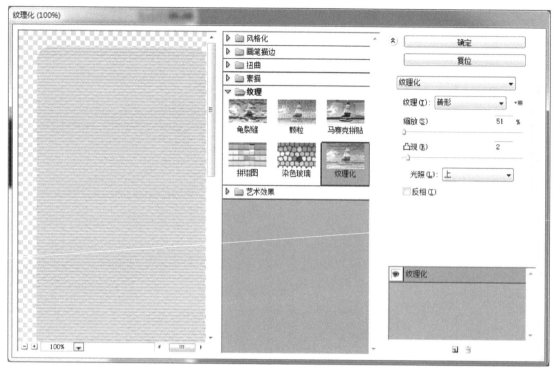

图6-21　"滤镜库"纹理化滤镜设置对话框

图6-22　圆角矩形复制移动效果

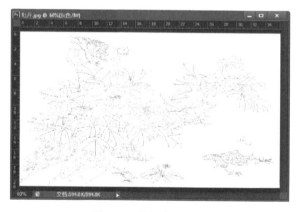

图6-23　牡丹素材图片

　　⑮ 执行【图像】菜单—【调整】—【色阶】命令，增加白牡丹素材图片的对比度，参考调整参数如图6-24所示，调整效果如图6-25所示。

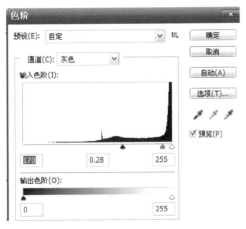

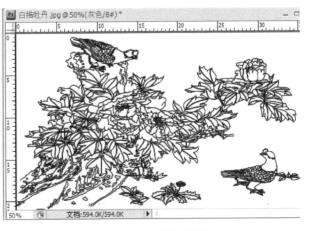

图6-24　色阶对话框调整参数

图6-25　色阶调整效果

⑯ 选择【工具面板】中的【魔术棒工具】，参数设置如图6-26所示，在白色区域内单击鼠标左键，将所有白色区域选中，建立如图6-27所示的选择区域。执行【选择】菜单—【反向】命令，选择相反区域，效果如图6-28所示。

图6-26　魔术棒属性栏设置

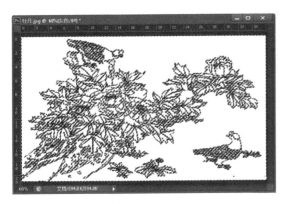

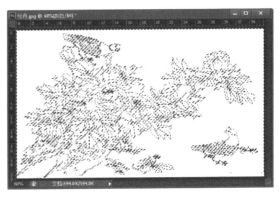

图6-27　"魔术棒"单击建立选区效果

图6-28　选区"反向"效果

⑰ 选择【工具面板】中的【移动工具】，将素材图片中选区内像素移动到【陶瓷灯包装平面效果图】文件中生成图层3，图像效果如图6-29所示。

⑱ 选择【工具面板】中的【橡皮擦工具】，擦除图层3的边缘线，擦除效果如图6-30所示。

⑲ 单击【工具面板】中的【设置前景色】图标，打开拾色器（前景色）对话框，将前景色颜色设置成RGB（200，160，110）的土黄色。

⑳ 按住【Ctrl】键，鼠标左键单击图层3，载入图层3选择区域效果如图6-31所示，按【Alt+Delete】键用设置好的前景色填充选择区域2到3次，按【Ctrl+D】键取消选择区域，填充效果如图6-32所示。

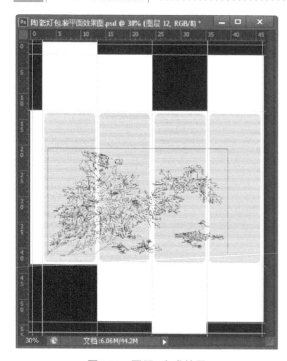

图6-29 图层3生成效果

图6-30 擦除边缘效果

图6-31 选区载入效果

图6-32 颜色填充效果

㉑ 按【Ctrl+T】键，为图层3添加自由变换框，按住【Shift】键缩放并移动图层3，然后按【Enter】键确认变换，缩放移动效果如图6-33所示。

㉒ 执行【图层】菜单—【复制图层】命令生成图层3副本，移动图层3副本到如图6-34所示的位置。

图6-33　缩放移动效果

图6-34　复制移动效果

㉓ 单击图层1，按住【Shift】键再单击图层3副本，选中图层3副本到图层1之间的所有层，执行【图层】菜单—【新建】—【从图层建立组】命令，打开如图6-35所示的"从图层新建组"对话框，并将组命名为"底图"，将选中的图层放进名为"底图"的组内，折叠底图组，图层面板如图6-36所示。

图6-35　"从图层新建组"对话框

图6-36　图层面板状态

㉔ 执行【图层】菜单—【新建】—【组】命令，将组的名字命名为"正面效果"。

㉕ 执行【文件】菜单—【打开】命令，打开如图6-37所示的【陶瓷台灯】素材图片。选择【工具面板】中的【移动工具】，将素材图片移动到【平面效果图】文件中的"正面效果"组内生成图层4。

㉖ 在图层4文字标识上双击，将其重命名为台灯，命名过程如图6-38所示。

㉗ 按【Ctrl+T】键，为"台灯层"添加自由变换框，按住【Shift】键缩放并移动台灯层，然后按【Enter】键确认变换，移动缩放效果如图6-39所示。

㉘ 执行【文件】菜单—【打开】命令，打开如图6-40所示名称为【标志】的素材图片。

图6-37 陶瓷台灯素材图片

图6-38 图层重命名过程

图6-39 台灯缩放移动效果

图6-40 "标志"素材图片

选择【工具面板】中的【移动工具】，将"标志"素材图片内像素移动到【台灯包装平面效果图】文件中生成新图层，并将该层命名为"标志1"。

㉙ 按【Ctrl+T】键，为"标志1"层添加自由变换框，按住【Shift】键缩放并移动标志1图层，然后按【Enter】键确认变换，移动缩放效果如图6-41所示。

图6-41　标志缩放移动位置

㉚ 打开如图6-42所示名称为【标志2】的素材图片。选择【工具面板】中的【移动工具】，将素材图片内像素移动到【台灯包装平面效果图】文件中生成新的图层，并将该层命名为"标志2"。

㉛ 按【Ctrl+T】键，为"标志2"层添加自由变换框，按住【Shift】键缩放并移动"标志2"层，然后按【Enter】键确认变换，移动缩放效果如图6-43所示。

㉜ 将前景色颜色设置成RGB（100，100，40）的绿色，选择【工具面板】中的【横排文字工具】T，输入"家宜灯具"文字，并通过文字属性面板调整其大小，调整的文字效果如图6-44所示，文字工具属性栏设置如图6-45所示。

图6-42　"标志2"素材图片

㉝ 拖曳图层面板中的"正面效果"图层组到"新建组"按钮上，生成"正面效果副本"组，如图6-46所示。

图6-43　标志2缩放移动效果　　　　　　　图6-44　文字输入调整效果

图6-45　"横排文字"工具属性栏设置

㉞ 选择【工具面板】中的【移动工具】，按住【Ctrl+Shift】键，将"正面效果副本"图层组移动到如图6-47所示的位置。

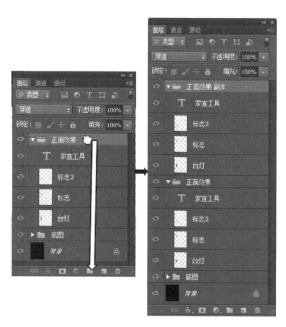 

图6-46　复制正面效果图层组的过程　　　　图6-47　移动正面效果副本目标位置

㉟ 执行【图层】菜单—【新建】—【组】命令，并将组的名字命名为"侧面1"。

㊱ 选择【工具面板】中的【圆角矩形工具】 ▭ ，其属性栏设置如图6-48所示，绘制如图6-49所示的圆角矩形。

图6-48 "圆角矩形"工具属性栏设置

图6-49 圆角矩形绘制效果

㊲ 单击圆角矩形工具属性栏的"路径操作"选项，选择"减去顶层形状"选项，如图6-50所示，绘制如图6-51所示的圆角矩形。

图6-50 圆角矩形工具栏属性设置

㊳ 选择【工具面板】中的【路径选择工具】 ▶ ，在圆角矩形上拖曳鼠标左键，框选如图6-52所示的区域，选择效果如图6-53所示。

图6-51 "减去顶层形状"效果

图6-52 路径选择工具框选区域

图6-53 路径选择工具选择效果

㊴ 单击【路径选择工具】属性栏的"路径对齐方式"选项，选择"水平居中"选项，如图6-54所示，使两条路径居中对齐。

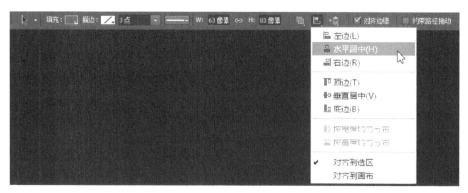

图6-54　路径选择工具属性栏设置

㊵ 执行【图层】菜单—【栅格化】—【图层】命令，将"圆角矩形1"形状层栅格化，栅格化后图层效果如图6-55所示。

㊶ 执行【图层】菜单—【复制图层】命令三次，生成三个副本，选择【工具面板】中的【移动工具】，分别移动三个副本的位置，移动效果如图6-56所示。

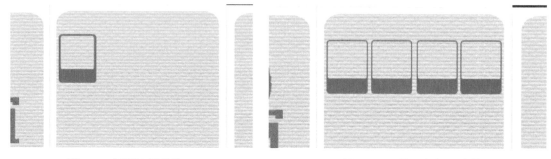

图6-55　图形绘制效果　　　　　　图6-56　形状层复制移动效果

㊷ 按【X】键交换前景色和背景色，将前景色颜色设置成RGB（240,200,110）的黄色，选择【工具面板】中的【横排文字工具】T，分别输入"保持向上"、"易碎"、"怕湿"、"堆叠极限"文字，并通过文字属性面板调整其大小，选择【工具面板】中的【移动工具】调整文字层的位置，调整的文字效果及位置如图6-57所示。

㊸ 按【X】键交换前景色和背景色，执行【图层】菜单—【新建】—【图层】命令，新建图层，并将该图层命名为"保持向上标志"，选择【工具面板】中的【直线工具】，在该层上绘制如图6-58所示的箭头形状。【直线工具】属性栏设置如图6-59所示。

图6-57　文字输入调整效果　　　　　　图6-58　箭头绘制效果

图6-59　直线工具属性栏设置

㊹ 选择"圆角矩形1副本"层，鼠标移动到垂直标尺位置，拖曳左键建立一条垂直参考线定位在"圆角矩形1副本"层水平中心位置，同理建立一条水平参考线，参考线位置如图6-60所示。

㊺ 选择【工具面板】中的【椭圆选框工具】○，按住【Alt+Shift】键，绘制以参考线交叉点为起点的正圆。绘制效果如图6-61所示。

㊻ 在标尺上拖曳鼠标再创建两条垂直参考线，捕捉椭圆边缘位置，捕捉效果如图6-62所示。

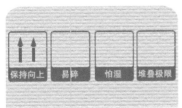
图6-60　参考线定位位置

图6-61　椭圆选区绘制效果

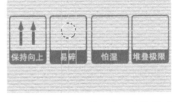
图6-62　参考线捕捉选区边缘效果

㊼ 选择【工具面板】中的【矩形选框工具】□，属性栏□□□中选择【添加到选区】□属性，绘制如图6-63所示的选择区域。

㊽ 执行【图层】菜单—【新建】—【图层】命令，新建图层，并将该层命名为"易碎标志"，将前景色颜色设置成RGB（100，100，40）的绿色，按【Alt+Delete】键，用前景色填充选择区域。按【Ctrl+D】键取消选择区域，效果如图6-64所示。

㊾ 选择【工具面板】中的【直线工具】＼，将属性栏中的粗细设置成3px，沿着形状下边缘拖曳鼠标绘制直线。选择【工具面板】中的【多边形套索工具】▷按钮，绘制三角形选择区域，按【Alt+Delete】键，用前景色填充选择区域。按【Alt+D】键取消选择区域，清除新建立的参考线，绘制效果如图6-65所示。

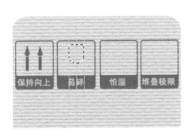
图6-63　选区添加效果

图6-64　填充效果

图6-65　绘制易碎标志效果

㊿ 选择【工具面板】中的【多边形套索工具】▷按钮，绘制任意形状区域，按

【Delete】键，删除选区内像素。按【Alt+D】键取消选择区域，删除效果如图6-66所示。

(51) 执行【图层】菜单—【新建】—【图层】命令，新建图层，并将该层命名为“怕湿标志”。选择【工具面板】中的【椭圆选框工具】◌，绘制如图6-67所示的选择区域。

(52) 选择【工具面板】中的【矩形选框工具】⬚，在属性栏▣◫◩▣中选择【从选区减去】◩属性，绘制如图6-68所示的选择区域。

图6-66　删除效果

图6-67　椭圆选区绘制效果

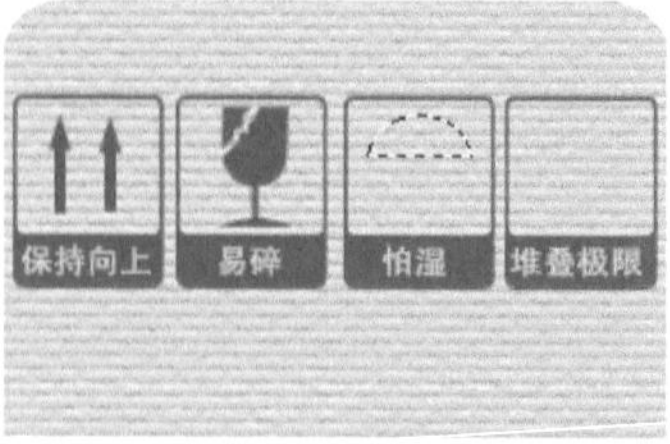

图6-68　选区运算效果

(53) 按【Alt+Delete】键，用前景色填充选择区域，按【Ctrl+D】键，取消选区，填充效果如图6-69所示。

(54) 选择【工具面板】中的【椭圆选框工具】◌，绘制如图6-70所示的小选择区域。

(55) 在“椭圆选框工具”属性栏上选区运算区域▣◫◩▣属性中选择新选区▣属性，按方向键移动选区到如图6-71所示的位置。

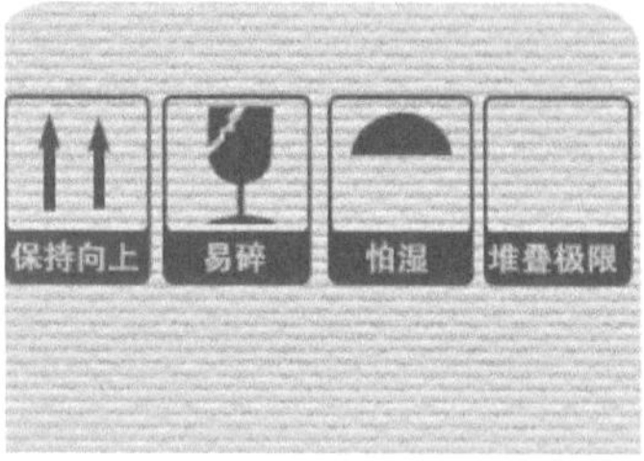

图6-69　填充效果

图6-70　椭圆选区绘制效果

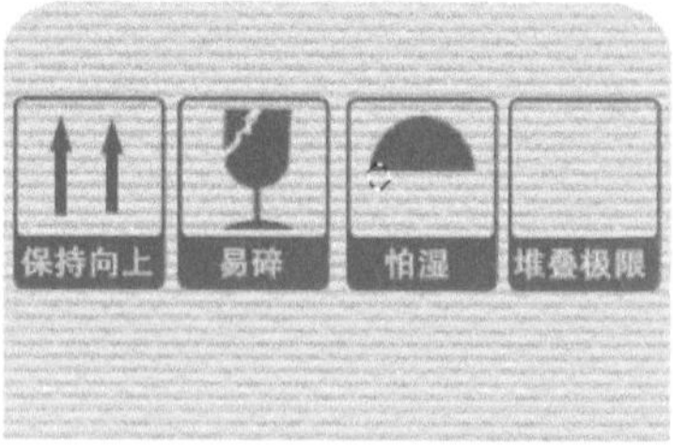

图6-71　选区移动效果

(56) 按【Delete】键删除选区内的像素，继续移动选区，并删除选区内的像素，按【Ctrl+D】键取消选区，最终删除效果如图6-72所示。

(57) 选择【工具面板】中的【椭圆选框工具】◌，绘制如图6-73所示的小选择区域。

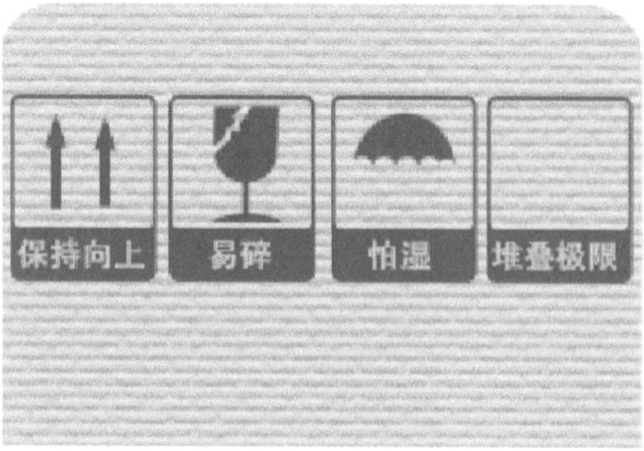

图6-72　删除效果

图6-73　选区建立效果

㊸执行【编辑】菜单—【描边】命令,打开如图6-74所示的对话框,为选区描边。按【Ctrl+D】键取消选区,描边效果如图6-75所示。

图6-74 描边对话框

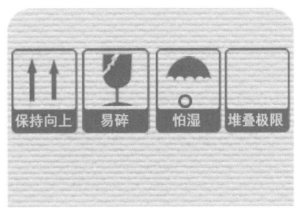

图6-75 描边效果

㊹选择【工具面板】中的【橡皮擦工具】，擦除上半部的描边效果,擦除效果如图6-76所示。

㊺选择【工具面板】中的【直线工具】，绘制直线,怕湿标志绘制效果如图6-77所示。

图6-76 擦除效果

图6-77 "怕湿标志"绘制效果

㊻执行【图层】菜单—【新建】—【图层】命令,新建图层,并将其命名为"堆叠极限标志",在该层绘制如图6-78所示的堆叠极限标志。

㊼复制正面效果图层组中的"标志"层,生成标志副本层,拖曳鼠标左键将副本移动到侧面1图层组内。选择【工具面板】中的【移动工具】，移动副本的位置,移动位置如图6-79所示。

㊽采用与步骤㊱~㊽相同的方法绘制如图6-80所示的形状,将前景色颜色设置成RGB（240，200，110）的黄色,选择【工具面板】中的【横排文字工具】T,输入"产品信息"文字,并通过文字属性面板调整其大小,文字效果如图6-81所示,将前景色颜色设置成RGB（100，100，40）的绿色,录入其余文字,录入效果如图6-82所示。

图6-78 堆叠极限标志绘制效果

图6-79 标志复制移动位置

图6-80 形状绘制效果

图6-81 文字输入效果

图6-82 其余文字输入效果

㉔执行【图层】菜单—【新建】—【组】命令，并将组的名字命名为"侧面2"。

㉕将前景色颜色设置成RGB（100，100，40）的绿色，选择【工具面板】中的【横排文字工具】T，录入如图6-83所示的文字内容。

㉖复制"正面效果"图层组中的标志层，生成副本，拖曳鼠标左键将副本移动到"侧面2"图层组内。选择【工具面板】中的【移动工具】，移动副本的位置，移动效果如图6-84所示。

㉗选择【工具面板】中的【横排文字工具】T，继续录入段落文字，录入如图6-85所示的文字内容。

图6-83　文字录入效果　　　　图6-84　标志复制移动效果　　　　图6-85　文字录入效果

㉘ 正面与侧面总体效果如图6-86所示。

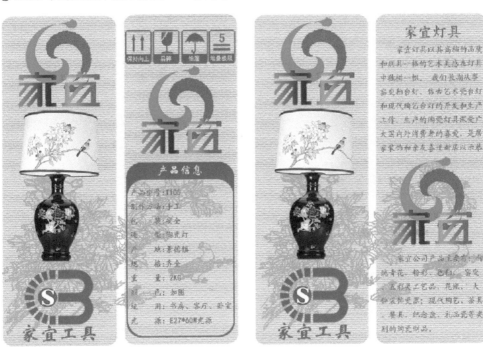

图6-86　正面与侧面总体效果

㉙ 执行【图层】菜单—【新建】—【组】命令，并将组的名字命名为"顶盖"。

㉚ 复制"正面效果"图层组中的标志层，生成标志副本层，拖曳鼠标左键将副本移动到"顶盖"图层组内。选择【工具面板】中的【移动工具】↴，移动副本的位置，移动位置如图6-87所示。

㉛ 选择【工具面板】中的【横排文字工具】T，录入文字，录入效果如图6-88所示。

㉜ 执行【图层】菜单—【复制组】命令，将"顶盖"组复制生成副本，将副本组命名为"底盖"，拖曳底盖图层组内所有图层到如图6-89所示的位置。

图6-87　标志移动效果

图6-88　文字录入效果

图6-89　平面效果图

㉓ 隐藏背景图层，执行【图层】菜单—【新建】—【图层】命令，新建图层，按下【Alt+Shift+Ctrl+E】键，盖印所有可见图层。

任务2 制作立体效果

◇ 先睹为快

本任务效果如图6-90所示。

图6-90 台灯包装立体图效果

◇ 知识与技能要点

色相/饱和度
光照效果

◇ 知识与技能详解

1. 色相/饱和度

色相/饱和度可以对图像中特定的颜色分量，或者是整体颜色的色相和饱和度进行调整，还可以给灰度图像指定新的色相和饱和度，执行"图像"—"调整"—"色相/饱和度"菜单命令，打开如图6-91所示的"色相/饱和度"对话框，其参数说明如下所述。

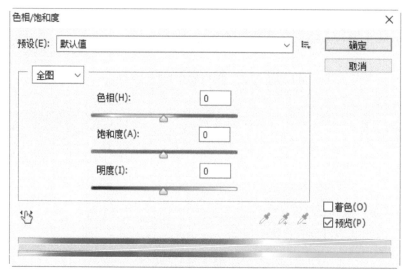

图6-91　色相/饱和度对话框

● 全图：在此项下拉列表可以选择要调整的色彩范围。选择"全图"时，调整图像中所有的颜色。

● 色相：通过拖动色相选项下面的滑块可以调整图像的色相。

● 饱和度：通过拖动饱和度选项下面的滑块可以调整图像的饱和度。

● 明度：通过拖动明度选项下面的滑块可以调整图像的明度。

● 着色：选择此项时，可将灰色图像着色后变为双色调效果的颜色单一的彩色图像；可将彩色图像变为单一颜色的图像。

● 颜色条：对话框底部的颜色条表示色轮中的颜色顺序。上面的颜色条显示调整前的颜色，下面显示的是调整后变成的颜色。

● 吸管工具：使用吸管工具 可以对颜色进行取样；添加到取样工具 可以将单击点的颜色添加到要调整的色彩范围内；从取样颜色中减去工具 可以将单击点的颜色从要调整的色彩范围中减去。

2. 光照效果

光照效果滤镜是一个设置复杂，功能性极强的光照效果制作滤镜，它的作用是通过对光照样式、光照类型和相应的光照属性设置，使图像产生无数种光照效果，还可以加入新的纹理及浮雕效果等，使平面图像产生各种各样的三维立体的效果。执行【滤镜】【渲染】【光照效果】，打开"光照效果属性"对话框，光照效果相关参数如图6-92所示，参数说明如下所述。

① 预设 预设：自定 ：单击"自定"位置弹出如图6-93所示的下拉菜单，在下拉菜单中包含已设置好的十七种光源，用户也可以自定义光源参数并将其存储或将存储的光源载入，不管是自定光源或使用预设光源，都可以通过右侧的"属性"窗口重新调整参数。

② 光照类型：光照滤镜提供了聚光灯、点光、无限光三种光照类型，改变当前光照类型下拉菜单如图6-94所示。

● 点光："点光"是使光在图像的正上方向各个方向照射，就像一张纸上方的灯泡一样；如图6-95所示，拖动中心圆圈可以移动光源。拖动"强度"光圈，可以改变光强度，拖动定义效果边缘的绿色手柄，可以改变光照范围。

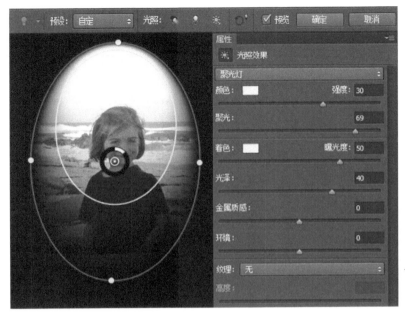

图6-92　光照效果相应参数　　　　　　图6-93　预设下拉列表框

图6-94　光照类型下拉菜单

图6-95　点光效果

● 聚光灯："聚光灯"可以投射一束椭圆形的光柱，如图6-96所示；拖动相应手柄可以完成增大Photoshop CS6光照强度或旋转光照、移动光照等操作。

● 无限光："无限光"是从远处照射的光，如图6-97所示，拖动中央圆圈可以移动光源，拖动线段末端的手柄可以旋转光照角度和高度，旋转效果如图6-98所示。

③ 添加新光源。单击光照属性栏中光照右侧相应按钮 光照：，可以添加新的聚光灯，新的点光，新的无限光，并通过属性对话框调整每个光源的颜色和角度改变当前光源效果，添加多个光源后的光源面

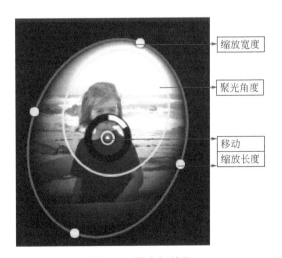

图6-96　聚光灯效果

图6-97　无限光效果

图6-98　拖动线段末端手柄旋转效果

图6-99　光源面板状态

板如图6-99所示。光源面板操作方法与图层类似，光源面板中的眼睛图标可以隐藏和显示光源，删除按钮可以删除所选光源。

④ 光源属性设置。

● 颜色：单击右侧的颜色块，可在打开的"拾色器"对话框中调整灯光的颜色。

● 强度：用于调整灯光的强度，该值越高光线越强。

● 聚光：用来调整灯光的照射范围，值越大照射范围越大。

● 着色：用来设置环境光的颜色。

● 曝光度：该值为正值时，可增加光照；为负值时，则减少光照。

● 光泽：用来设置灯光在图像表面的反射程度。

● 金属质感：为光照环境添加金属质感。

● 环境：单击"着色"选项右侧的颜色块，可以在打开的"拾色器"中设置环境光的颜色。当滑块越接近负值时，环境光越接近色样的互补色；滑块越接近正值时，则环境光越接近于着色框中所选的颜色。

⑤ 纹理：可以选择用于改变光的通道。

⑥ 高度：拖动"高度"滑块可以将纹理从"平滑"改变成"凸起"。

◇ 任务实现

① 按键盘中的【Ctrl+N】键，新建一个宽度为10厘米，高度为15厘米，分辨率为300像素/英寸，色彩模式为RGB，背景色为白色的文件。

② 将前景色设置成RGB（10,100,200）的蓝色，背景色设置成白色，选择【工具面板】中的【渐变工具】，渐变工具属性默认，在背景层上从上到下拖曳鼠标左键，为背景层填充蓝到白色的直线渐变，渐变填充过程如图6-100所示。

图6-100 渐变填充过程

③ 按下【Ctrl+O】键，打开上面制作好的"台灯包装平面效果图"PSD格式文件。

④ 选择【工具面板】中的【矩形选框工具】 ，沿着参考线将"陶瓷包装灯平面效果图"的正面选取，选择范围如图6-101所示。

⑤ 按【Ctrl+C】键进行复制。选择新建文件界面，按Ctrl+V键粘贴，将包装的正面粘贴到该文件内，生成"图层1"，效果如图6-102所示，将"图层1"重命名为"正面"。

图6-101 正面选取范围

图6-102 图层1生成效果

⑥ 将顶盖区域选取，选择范围如图6-103所示。按【Ctrl+C】键进行复制。选择新建文件界面，按【Ctrl+V】键粘贴，将包装的顶盖粘贴到该文件内，生成新的图层，将该层命名为"顶盖"。

⑦ 选择【工具面板】中的【移动工具】，将"顶盖"层像素移动到如图6-104所示的位置。

图6-103 "顶盖"区域选取范围   图6-104 "顶盖"层移动效果

⑧ 将侧面区域选取，选择范围如图6-105所示。按【Ctrl+C】键进行复制。选择新建文件界面，按【Ctrl+V】键粘贴，将包装的正面粘贴到该文件内，生成新的图层，并将该层命名为"侧面"。

⑨ 选择【工具面板】中的【移动工具】，将"侧面"层像素移动到如图6-106所示的位置。

⑩ 鼠标左键单击图层面板中的"正面层"，使"正面层"成为当前操作图层，按下【Ctrl+T】为"正面层"添加自由变换框，按住【Ctrl】键拖曳变换框左侧的中点如图6-107所示，为"正面层"执行扭曲变换。执行【Enter】键，确认变换。

⑪ 鼠标左键单击图层面板中的"侧面层"，使"侧面层"成为当前操作图层，按下【Ctrl+T】为"侧面层"添加自由变换框，按住【Ctrl】键拖曳变换框右侧中心上的变换点，如图6-108所示，为"侧面层"执行扭曲变换。执行【Enter】键，确认变换。

⑫ 鼠标左键单击图层面板中的"顶盖层"，使"顶盖层"成为当前操作图层，按下【Ctrl+T】为"顶盖层"添加自由变换框，按住【Ctrl】键为"顶盖层"执行扭曲变换。变换效果如图6-109所示。通过对三个面的扭曲变换，增强包装的立体感。

⑬ 确定"顶盖层"为当前操作图层。执行【图像】菜单—【调整】—【色相/饱和度】命令，弹出【色相/饱和度】对话框，参数设置如图6-110所示。

图6-105　侧面选取范围

图6-106　侧面层移动位置

图6-107　"正面层"扭曲变换过程

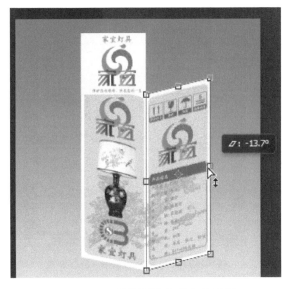
图6-108　"侧面层"扭曲变换过程

⑭ 采用相同的方法为"侧面层"执行【色相/饱和度】命令，参数设置相同，这样可以看出背光侧面和受光顶盖在色差上起到变化，以此增强包装的立体效果。执行效果如图6-111所示。

⑮ 隐藏背景图层，执行【图层】菜单—【新建】—【图层】命令，新建图层，并将其命名为"立体包装"，按下【Alt+Shift+Ctrl+E】键，盖印所有可见图层。图层面板状态如图6-112所示。

图6-109 "顶盖层"扭曲变换效果 　　　　　图6-110 "色相/饱和度"对话框

图6-111 "色相/饱和度"执行效果 　　　　　图6-112 图层面板状态

⑯将"立体包装"层设置为当前操作图层，执行【滤镜】—【渲染】—【光照效果】命令，弹出【属性】对话框，参数设置如图 6-113 所示，"光照效果"属性栏上的"确定按钮"，确定参数设置，设置光照效果命令可以使包装的明暗效果更加明显，立体感更强。

⑰选择【工具面板】中的【移动工具】▶╈，移动"立体包装层"到画布顶端，移动"正面层"与"侧面层"像素到"立体包装"层下方，隐藏"顶盖"层，效果如图 6-114 所示。

⑱鼠标左键单击图层面板中的"正面层"，使"正面层"成为当前操作图层。按【Ctrl+T】键，为"面层"加自由变换框，在自由变换框内单击鼠标右键，在弹出的如图 6-115 所示的右键快捷菜单中选择"垂直翻转"选项，翻转效果如图 6-116 所示。

图6-113　光照效果参数设置

图6-114　移动效果

图6-115　右键快捷菜单

图6-116　垂直翻转效果

⑲ 鼠标移动到变换框内，拖曳鼠标向下移动图像，按住【Ctrl】键，单击变换框的垂直中点向上移，为图像执行扭曲变换，如图6-117所示，使"正面层"产生倒像处理。执行【Enter】键确认变换。

⑳ 使"侧面"层成为当前操作，做与"正面"层相同的自由变换操作，变换效果如图6-118所示。

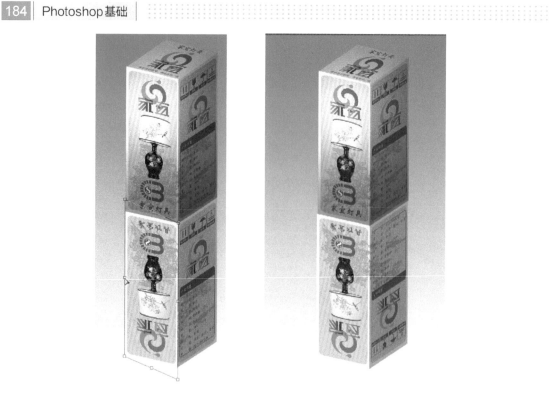

图6-117　扭曲变换效果　　　　图6-118　　"侧面"层自由变换效果

㉑ 按【Ctrl+E】键将"侧面"层合并到"正面"层。调整"正面层"的【不透明度】至40%，效果如图6-119所示。

㉒ 选择【工具面板】中的【套索工具】，选取倒影的底部区域，执行【选择】菜单—【修改】—【羽化】命令，将羽化半径设置成150左右，按下【Delete】键删除选区内像素，最终效果如图6-120所示。

图6-119　透明度降低效果　　　　图6-120　最终效果

✧ 项目总结和评价

通过本项目的学习，学生对包装设计常识有了基本的了解，对通过图层组管理图层有了更深的认识，初步接触了滤镜库的使用方法及技巧，接触了应用比较广泛的色阶与色相饱和度命令的使用，认识了光照滤镜，希望同学们在掌握本项目知识点的前提下，能够熟练制作本项目的内容，为将来在实际工作中的设计与制作打下坚实的基础。

思考与练习

1. 简答题

（1）自由变换命令常用的快捷键有哪些?

（2）图层组的作用有哪些?

2. 操作练习

模仿创作包装盒类的作品，如酒类包装、烟类包装等。

项目 7

照片处理

✎ **项目目标**

通过本项目的学习和实施，需要理解、掌握和熟练下列知识点和技能点：

了解 Photoshop CS6 的图层；

熟悉 Photoshop CS6 的图层面板；

了解和掌握模糊工具、修复工具、图层的基础操作。

✎ **项目描述**

照片处理在我们生活中已经成为不可缺少的一部分，对于平时拍摄的人像照片进行修饰，达到更加美观的效果，掌握人物图片的简单调色方法。调色之前可以先分析图片的色彩构成，然后用可选颜色快速精确地调色，色感好的话可以很容易调出唯美的效果。一起体验 Photoshop CS6 的强大功能。

任务1 儿童照修图

✧ 先睹为快

本任务效果如图7-1所示。

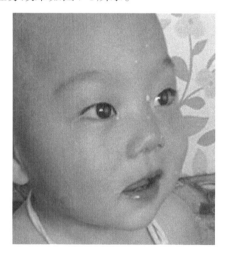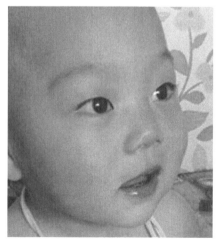

图7-1 儿童照修图效果对比

✧ 技能要点

红眼工具
污点修复画笔工具

✧ 知识与技能详解

1. 红眼工具

Photoshop CS6的图像修复工具组如图7-2所示，包括污点修复画笔工具、修复画笔工具、修补工具、内容感知移动工具和红眼工具5种。

红眼工具是专门用来消除人物眼睛因灯光或闪光灯照射后瞳孔产生的红点或白点等反射光点。它是在Photoshop中修复红眼图片时经常用到的工具，红眼工具属性栏如图7-3所示。红眼工具使用非常简单，在属性栏设置好瞳孔大小及变暗数值，然后在图像中有红眼的区域单击鼠标左键，即可修复红眼。

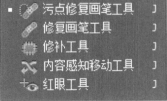

图7-2 修复工具组

图7-3 红眼工具属性栏

✎ **提示**

"红眼"是指在照片中，被照的人物或动物的瞳孔变为了红色。在黑暗环境中闪光灯的强光照射在视网膜后的毛细血管上，光又反射回相机，在相机成像的时候就有可能形成"红眼"。

✎ **提示**

使用【J】键可以切换到修复工具组默认的工具上，使用【Shfit+J】键可以在修复工具组不同的工具之间快速切换。

① 瞳孔大小：此选项用于设置修复瞳孔范围的大小。

② 变暗量：此选项用于设置修复范围的颜色的亮度。

2. 污点修复画笔工具

该工具可以使用图像或图案中的样本像素进行绘画，并将样本像素的纹理、光照、透明度和阴影与所修复的像素相匹配，其工具属性栏如图7-4所示。

图7-4 污点修复画笔工具选项栏

确定样本像素有近似匹配、创建纹理和"内容识别"三种类型。

① 类型：确定样本像素有近似匹配、创建纹理和"内容识别"三种类型。

● 近似匹配：如果没有为污点建立选区，则样本自动采用污点外部四周的像素；如果选中污点，则样本采用选区外围的像素。一般用于周边环境较为简单的图像，比如说一副纯色图片，当中有个黑点，使用近似匹配较为好用。

● 创建纹理：基于笔触范围内的像素生成纹理效果。多用于较为模糊或带有质感的图像，比如皮肤等。

● 内容识别：基于笔触边缘部分的像素与笔触内的像素进行智能融合填充，从而达到快速无缝的拼接效果。多用于被修复图像较为复杂的图片。

② ☑对所有图层取样：勾选"对所有图层取样"选项，可以从所有可见图层中提取信息。不勾选，只能从现用图层中取样。

使用污点修复画笔工具时，不需要在图像上定义"源点"，只需要确定被修复污点或不理想元素的位置，调整好画笔大小，用鼠标在确定需要修复的位置进行单击或涂抹，Photoshop 就可以对需要修复的元素与背景自动匹配，从而达到自然的修复效果。污点修复画笔工具在实际应用时比较实用，而且在操作时也很简单。

◇ **任务实现**

① 执行【Ctrl+O】组合键，打开如图 7-5 所示"儿童照片 1"图像。

② 选择【工具面板】中的【红眼工具】 ＋○，在红眼区域拖曳，拖曳过程如图 7-6 所示，松开鼠标，去除红眼，去除效果如图 7-7 所示，同理去除右眼红眼，去除效果如图 7-8 所示。

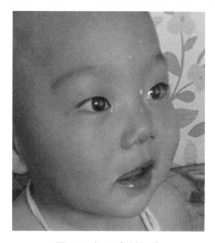

图7-5 打开素材图像

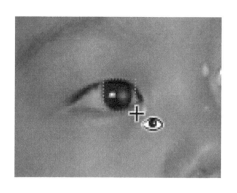

图7-6 红眼工具拖曳过程

图7-7 左眼红眼去除效果

图7-8 双眼红眼去除效果

③ 选择【工具面板】中的【污点修复画笔工具】 ，调整污点修复画笔工具笔刷的大小，使其比污点区域稍大一点，并将类型设置为"内容识别"，其他默认，属性设置如图7-9所示。

图7-9　污点修复画笔工具属性设置

④ 鼠标移动到需要修复的污点位置，如图7-10所示，按下鼠标左键并适当拖曳，鼠标变成如图7-11所示的黑色，当松开鼠标左键时鼠标单击位置处的污点即刻被修复。

⑤ 调整污点修复画笔工具笔刷的大小，继续单击其他的污点处，去除其他污点，去除效果如图7-12所示。

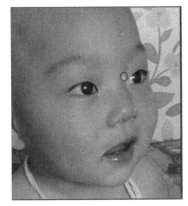  

图7-10　鼠标放在污点处　　图7-11　鼠标左键在污点单击效果　　图7-12　去除全部污点效果

任务2　儿童照模板制作

✧ 先睹为快

本任务效果如图7-13所示。

图7-13　儿童照背景图效果

✧ 技能要点

内发光
斜面和浮雕
图层样式编辑
画笔工具

✧ 知识与技能详解

1.内发光

"内发光"样式是沿着图像边缘的内部添加发光效果的一种样式。内发光样式主要参数如图7-14所示，添加内发光样式前后图像对比效果如图7-15所示。部分参数含义如下。

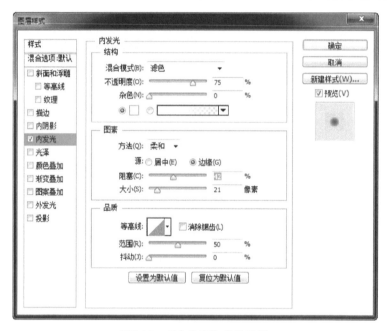

图7-14 "内发光"参数设置

图7-15 图像添加内发光样式前后对比效果

（1）"结构"选项组

在设置发光效果时，在"结构"选项组中可以设置发光层的混合模式、不透明度、杂色、颜色等用来控制发光层的变化。

- 混合模式：用于设置发光层与当前图层的色彩混合模式，默认值为"滤色"。
- 不透明度：设置发光层的不透明度，数值越大，发光效果颜色越强，默认值为75%。
- 杂色：设置颗粒在内发光中的填充数量，数值越大，杂色越多，一般用来制作雾气缭绕或者毛玻璃的效果，添加杂色效果如图7-16所示。

图7-16　杂色值分别为0%、50%、100%对比效果

- 发光颜色◉□：设置内发光颜色，默认值是从黄色到透明的渐变，单击如图7-17所示的左侧的颜色框可以选择其他颜色，单击右边的渐变色框可以打开渐变编辑器，选择或设置其他的渐变色如图7-18所示

图7-17　设置内发光渐变色　　　　　　　　　　　　　图7-18　选择渐变色

（2）"图案"选项组
- "图案"选项组用来控制内发光的颜色，光线的照射范围与强度。
- 方法：方法有"柔和"和"精确"两个选项，用来设置发光的效果，"精确"可以使光线的穿透力更强一些，"柔和"表现出的光线的穿透力则要弱一些。
- 源：用于指定内发光的光源位置，包含居中和边缘两个选项，"居中"是从图像的中心向四周发光，"边缘"是从图像内部边缘向中心发光。
- 阻塞：与"大小"配合使用，用来影响固定"大小"的范围内光线的渐变速度，比如在"大小"设置值相同（21像素）的情况下，调整"阻塞"的值可以形成不同的效果，如图7-19所示。
- 大小：用于设置光线的照射范围，与"阻塞"配合使用。

图7-19　阻塞值设置为0%、30%、100%对比效果

（3）"品质"选项组
通过相关参数调整来控制发光层的特殊效果。

● 等高线：用来调整内发光的颜色分布。如上面所描述的内发光效果使用的是默认的线性等高线，线性等高线决定颜色分布是由高到低的分布，所以产生了类似的内发光效果，当将等高线设置为如图7-20所示的"环形-双"等高线时，其内发光效果如图7-21所示。

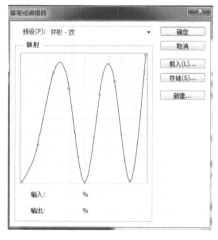

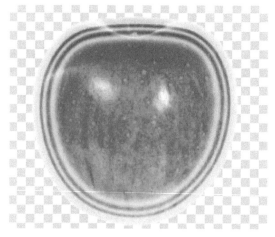

图7-20　"环形-双"等高线对话框　　　　图7-21　"环形-双"等高线效果

● 范围："范围"选项用来设置等高线对发光层的作用范围，即对等高线进行"缩放"，截取其中的一部分作用于发光层上。调整"范围"和重新设置一个新等高线的作用是一样的，不过当我们需要特别陡峭或者特别平缓的等高线时，使用"范围"对等高线进行调整可以更加精确。

● 抖动："抖动"用来为发光层添加随意的颜色点，为了使"抖动"的效果能够显示出来，发光层的颜色设置要至少有两种颜色。

2．斜面和浮雕

"斜面和浮雕"样式是通过为图层添加高光层和阴影层的组合来形成像雕刻的立体效果，

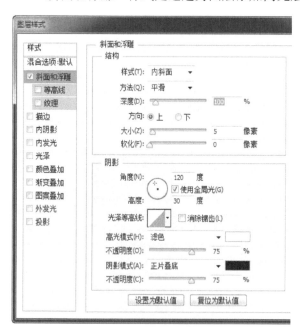

图7-22　斜面和浮雕图层样式参数

它是应用广泛也是比较复杂的一种图层样式，其对话框如图7-22所示。部分参数说明如下所述。

● 样式：包含内斜面、外斜面、浮雕效果、枕状浮雕及描边浮雕五种样式，效果如图7-23所示。"外斜面"样式是在图像边缘外围创建高光和阴影斜面效果，使图层产生的凸起浮雕立体效果；"内斜面"样式是在图层像素的边缘内创建高光和阴影斜面浮雕效果；"浮雕效果"样式是以图像的边缘为中心向两侧创建高光和阴影斜面效果，使图层产生浮雕效果；"枕状浮雕"样式是以图像的边缘为中心向两侧创建角度相反的高光和阴影斜面效果，使图层产生类似镶嵌的浮雕效果；"描边浮雕"样式只能在添加了"描边"

图层样式的基础上才能添加浮雕效果，如果没有添加"描边"图层样式，则"描边浮雕"不起作用。

● 方法：用来调整高光层与阴影层的过渡方式，包含平滑、雕刻清晰、雕刻柔和三种方式，其对比效果如图7-24所示。"平滑"效果使高光层和阴影层过渡柔和，"雕刻清晰"高光层和阴影层边缘效果明显，有较强的立体感；"雕刻柔和"介于"平滑"和"雕刻清晰"之间。

● 深度："深度"配合大小一起使用来调整斜面的光滑程度，如大小值一定的情况下，不同深度值效果如图7-25所示。

图7-23　不同样式的浮雕效果

● 方向："方向"的设置值包括"上"和"下"两种，用来设置高光层和阴影层的方向位置，其效果和设置"角度"是一样的。但在制作按钮的时候，"上"和"下"可以分别对应按钮的正常状态和按下状态，比使用角度进行设置更方便也更准确。

● 大小：配合深度使用，用来调整高光层和阴影层的作用范围。

● 软化：对整个效果进行进一步的模糊，使高光层和阴影层的表面更加柔和，减少棱角感。

● 角度：用来设置光源的方向。

● 高度：用来设置光源和对象之间的距离，范围为0～90，当值设置为0时，光源会落到对象所在的平面上，当值设置为90时，光源会移动到对象的正上方。

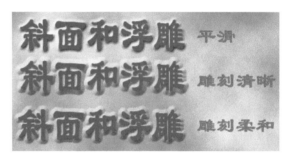

图7-24　方法不同的斜面和浮雕效果

图7-25　深度值不同的浮雕效果

● 使用全局光：如选中时，则为同一图像中所有图层的图层样式设置相同的光线照射角度，不选中时，只调整当前图层样式的光线照射角度。

● 等高线：等高线在斜面和浮雕中，可以模拟光线在凹凸不平的物体表面反射产生一种立体的感觉。也就是说使平面图形产生纵深感。

● 高光模式：用来设置高光层的颜色（默认为白色）、颜色叠加模式（默认状态为滤色）及透明度（默认为75%）。

● 阴影模式：用来设置阴影层的颜色（默认为黑色）、颜色叠加模式（默认状态为正片叠底）及透明度（默认为75%）。

3. 图层样式编辑

"图层样式"与图层一样，可以进行编辑和修改操作。

（1）图层样式的显示与隐藏

在"图层"面板中，添加图层样式的图层面板状态如图7-26所示，如果要隐藏一个图层中的所有图层样式效果，可单击该图层"效果"前的眼睛图标，如图7-27所示。如果要隐藏某一个图层样式，可以单击该样式名称前的眼睛图标，如图7-28所示。

图7-26　"图层样式"效果　　　　图7-27　隐藏图层所有样式效果　　　　图7-28　隐藏一个图层样式效果

（2）修改与删除图层样式

如若修改图层样式，可以在添加的图层样式的名称上双击，可以再次打开"图层样式"对话框，修改相应参数即可。

如若删除一个图层样式，可以将该图层样式拖曳到图层面板下方的 🗑 按钮上，如若删除一个图层的所有图层样式效果，将效果图标 fx 拖曳到按钮上即可。

（3）复制与粘贴图层样式

当其他图层要设置的样式与已经设置好的图层样式相同时，可以通过"复制与粘贴"图层样式的方法实现，这样可以减少重复性的操作，提高工作效率。在添加了同层样式层上单击鼠标右键，在弹出的右键快捷菜单中选择"拷贝图层样式"命令，如图7-29所示，然后在需要粘贴的图层样式的图层上单击鼠标右键，在弹出的右键快捷菜单中选择"粘贴图层样式"命令，如图7-30所示。粘贴效果如图7-31所示，被拷贝的图层样式效果全部应用到目标图层中。

图7-29　选择"拷贝图层样式"　　　图7-30　选择"粘贴图层样式"命令　　　图7-31　复制图层样式
　　　　　　　命令　　　　　　　　　　　　　　　　　　　　　　　　　　　　　　　效果

按住【Alt】键，拖曳如图 7-32 所示的 fx 图标（或效果层）到另外一个图层上，可以将该层的所有图层样式效果复制到目标图层上，拖曳过程如图 7-33 所示，按住【Alt】键的同时，拖曳某一个图层样式效果名称到目标图层中可以只复制一个图层样式效果，如图 7-34 所示。

图 7-32　拖曳位置

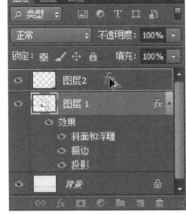

图 7-33　拖曳过程

图 7-34　复制一个样式效果

✧ 任务实现

① 按【Ctrl+N】键，弹出"新建"对话框，建立一个如图 7-35 所示，宽度为 25 厘米、高度为 20 厘米、分辨率为 72 像素/英寸（输出：300 像素/英寸），颜色模式为 RGB 颜色，背景内容为白色的新画布。

② 执行【Ctrl+R】组合键显示标尺，鼠标放在垂直标尺上，拖曳一条垂直参考线定位画布水平中心。

③ 选择【工具面板】中的【矩形选框工具】，绘制一个如图 7-36 所示的矩形选区，设置前景色为浅绿色 RGB（180，240，90），执行【Alt+Delete】组合键，填充选区。

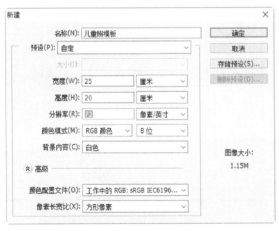

图 7-35　"新建"对话框

图 7-36　选区建立效果

④ 执行【Ctrl+Shift+I】组合键，将选区反选，设置背景色为 RGB（140，220，70），执行【Ctrl+Delete】组合键，用背景色填充选区，填充效果如图 7-37 所示。执行【Ctrl+D】组合键，取消选择区域。

⑤ 执行【视图】菜单—【清除参考线】命令，清除参考线。

⑥ 设置前景色为黄绿色RGB（220，250，180），选择【工具面板】中的【矩形工具】，绘制一个如图7-38所示的矩形，并生成"矩形1"形状层。

图7-37　填充效果

图7-38　矩形绘制效果

⑦ 按住【Ctrl】键，同时选择"矩形1"形状层和背景层，单击移动工具属性栏如图7-39所示的"垂直居中对齐"属性，使"矩形1"形状层居中对齐。

图7-39　移动工具属性栏

⑧ 双击"矩形1"形状层，在弹出的图层样式对话框中，选择"描边"样式，"描边"样式参数设置如图7-40所示，大小为6像素，颜色为白色。"描边"样式效果如图7-41所示。

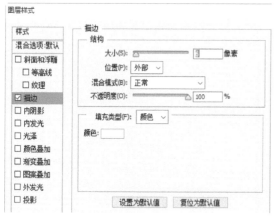

图7-40　"描边"样式参数设置

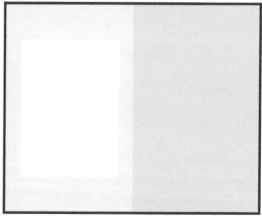

图7-41　"描边"样式设置效果

⑨ 单击图层样式对话框"样式"列表中的"投影"样式，参数设置如图7-42所示，"投影"样式效果如图7-43所示。

⑩ 单击图层样式对话框"样式"列表中的"内发光"样式，参数设置如图7-44所示，"内发光"样式效果如图7-45所示。

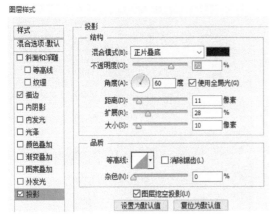

图7-42 "投影"样式参数设置

图7-43 "投影"样式设置效果

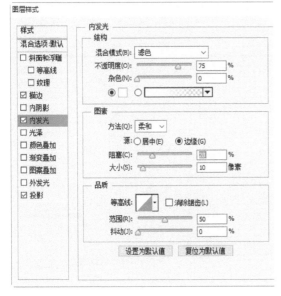

图7-44 "内发光"样式参数设置

图7-45 "内发光"样式设置效果

⑪ 同理，选择【工具面板】中的【矩形工具】▇️，绘制一个如图7-46所示的矩形，并生成"矩形2"形状层。

⑫ 鼠标移动到如图7-47所示的"矩形1"效果层位置单击鼠标右键，在弹出的右键快捷菜单中选择"拷贝图层样式"选项，复制"矩形1"形状层的图层样式。

⑬ 在"矩形2"形状层上单击鼠标右键，在弹出的快捷菜单中选择"粘贴图层样式"选项，将"矩形1"形状层的图层样式应用到"矩形2"形状层上。

⑭ 单击如图7-48所示"矩形2"形状层上的"内发光"效果层的眼睛图标，隐藏"内发光"样式。

⑮ 执行【Ctrl+J】组合键两次，复制"矩形2"形状层，生成两个副本，并移动副本，副本移动效果如图7-49所示。

⑯ 打开如图7-50所示的"边花"图片素材，选择【工具面板】中的移动【移动工具】▶️✛，将"边花"素材拖曳到"儿童照模板"画布中生成"图层1"，效果如图7-51所示。

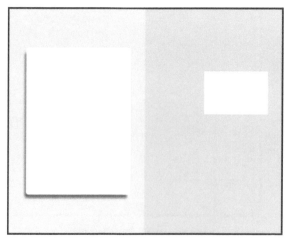

图7-46　矩形绘制效果

图7-47　图层面板"右键"快捷菜单选项

图7-48　隐藏"内发光"样式

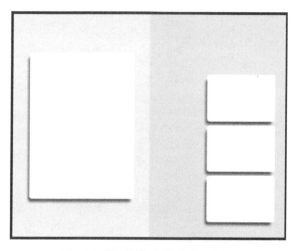

图7-49　"矩形2"复制并移动效果

图7-50　"花边"素材效果

图7-51　"图层1"生成效果

⑰ 选择【工具面板】中的移动【魔棒工具】⚡，属性栏设置如图7-52所示，在白色位置单击建立选区，按【Delete】键，删除选区内像素，删除效果如图7-53所示，执行【Ctrl+D】组合键，取消选择区域。

图7-52 魔棒工具属性栏设置

⑱ 执行【Ctrl+T】组合键，旋转缩放并移动"图层1"到如图7-54所示的位置。按【Enter】键，确认变换。

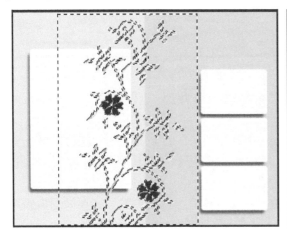
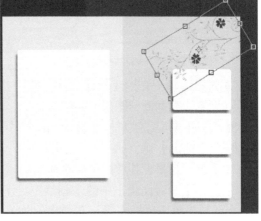

图7-53 删除效果　　　　　　图7-54 旋转缩放并移动效果

⑲ 双击"图层1"，在弹出的图层样式对话框中，选择"斜面和浮雕"样式，"斜面和浮雕"样式参数设置如图7-55所示，"斜面和浮雕"样式效果如图7-56所示。

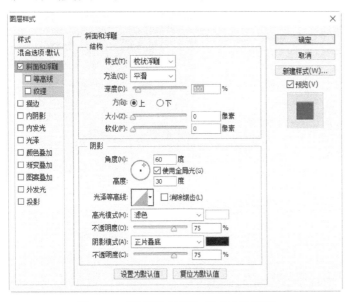

图7-55 "斜面和浮雕"样式参数设置　　　　图7-56 "斜面和浮雕"样式设置效果

⑳ 执行【Ctrl+J】组合键，复制图层1生成副本，移动副本到如图7-57所示的位置。
㉑ 执行【Ctrl+J】组合键，生成副本2，旋转变换并移动副本2到如图7-58所示的位置。

图7-57　副本移动效果

图7-58　副本2旋转并移动效果

㉒ 执行【Ctrl+E】组合键两次，将"图层1副本2"合并到"图层1副本"中，再将"图层1副本"合并到"图层1"中。

㉓ 执行【图层】菜单—【重命名图层】命令，将"图层1"重新命名为"花边"层。

按住【Shift】键，再单击"图层1"，同时选中"图层1"及其所有副本层，执行【Ctrl+E】键，并将合并后的图层重命名为"花边"层。

㉔ 选择【工具面板】中的【画笔工具】，打开"画笔预设"选取器，在如图7-59所示的指针位置单击鼠标左键，在弹出的菜单中选择"方头画笔"，在弹出的如图7-60所示的对话框中选择"追加"选项，载入"方头画笔"。

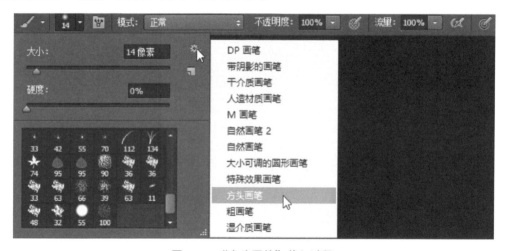
图7-59　"方头画笔"载入过程

图7-60　"载入画笔"弹出的对话框

㉕ 单击画笔属性栏中的"切换画笔面板"选项，选择"硬边方形14像素"笔触，并调整"圆度"为44%，"间距"为126%，参数设置如图7-61所示。

㉖ 执行【Ctrl+Shift+Alt+N】组合键，新建"图层1"，按住【Shift】键，绘制如图7-62所示的矩形线。

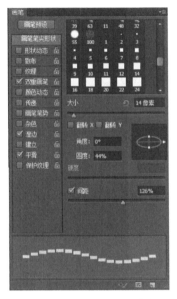

图7-61 "画笔笔尖形状"参数设置　　　图7-62 "画笔形状"绘制效果

㉗ 复制"花边"层的图层样式，粘贴到"图层1"中。

㉘ 执行【Ctrl+J】组合键，复制图层1生成副本，执行【Ctrl+T】组合键，旋转并移动图层1副本到如图7-63所示的位置，执行【Enter】键，确认变换。

㉙ 执行【Ctrl+E】组合键，将"图层1副本"合并到"图层1"中，执行【图层】菜单—【重命名图层】命令，将"图层1"重新命名为"线条"层。

㉚ 选择【工具面板】中的【横排文字工具】T，单击"横排文字工具"属性栏中的"切换字符和段落面板"属性，属性设置如图7-64所示。在画布中按住鼠标左键并拖动，创建一个合适的定界框，并在定界框中，输入"寄语及其相关内容"，输入效果如图7-65所示。

㉛ 重新选择第一个段落"寄语"文字内容，属性设置如图7-66所示，单击选项栏中的"提交当前所有编辑"按钮✔，完成当前文字的编辑。文字设置效果如图7-67所示。

㉜ "儿童照模板"最终效果如图7-68所示，图层面板状态如图7-69所示，执行【文件】菜单—【存储为】命令，存储图像。

图7-63 图层2副本旋转移动效果

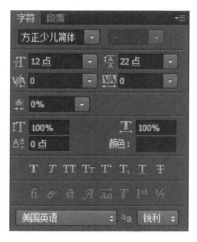

图7-64　字符面板属性设置

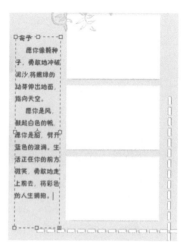

图7-65　文字输入效果

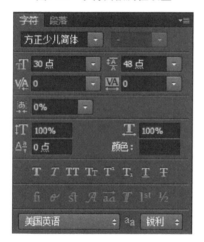

图7-66　"寄语"文字属性设置

图7-67　文字设置效果

图7-68　"儿童照模板"最终效果

图7-69　图层面板状态

任务 3　照片合成

◇ 先睹为快

本任务效果如图 7-70 所示。

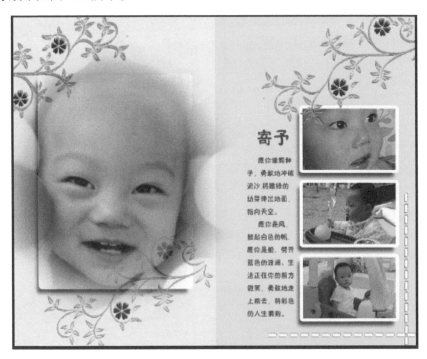

图 7-70　照片合成效果

◇ 技能要点

剪切蒙版

◇ 知识与技能详解

1. 置入命令

"置入"命令可以将图像置入到当前编辑文件的一个新图层中，执行【文件】菜单—置【置入】命令（或执行【Alt+F+L】组合键），可以打开如图 7-71 所示的"置入"对话框，选择要置入的图像文件，单击"置入"按钮，选择的图像会被置入到当前编辑的文件中。被置入的图像导入到当前文件后，会自动适应画布大小并显示自由变换框，如图 7-72 所示，通过自由变换框调整到合适后，双击确认，完成图像的置入过程。

2. 剪贴蒙版

剪贴蒙版是通过下方图层的形状来限制上方图层的显示状态。剪贴蒙版的创建至少需要两个图层，一般将位于下面的图层叫做"基底图层"，位于上面的图层叫"剪贴层"。创建剪贴蒙版前图层面板状态及图像显示效果如图 7-73 所示，创建"图层 0"与"快乐童年"文字层剪贴蒙版后图层面板状态及图像显示效果如图 7-74 所示。

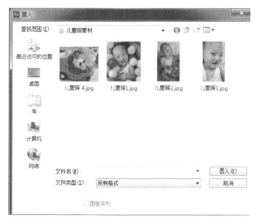

图 7-71 "置入"对话框   图 7-72 "置入"图像效果

执行【图层】菜单—【创建剪贴蒙版】命令（或执行【Ctrl+Alt+G】组合键，或按住【Alt】键，鼠标指针移动到"剪贴层"和"基底图层"之间的位置单击鼠标左键），即可将相邻的下方图层作为"基底图层"创建一个剪贴蒙版，创建剪贴蒙版后，"基底图层"的图层名称下会带有一条下画线。

当不需要剪贴蒙版效果时，可以将其释放掉，选择"剪贴层"执行【图层】菜单—【释放剪贴蒙版】命令（或执行【Ctrl+Alt+G】组合键，或按住【Alt】键，鼠标指针移动到"剪贴层"和"基底图层"之间的位置单击鼠标左键），即可释放剪贴蒙版。

图7-73   创建剪贴蒙版前图像效果及图层面板状态

图7-74   创建剪贴蒙版后图像效果及图层面板状态

✧ 任务实现

① 按【Ctrl+O】快捷键，打开"任务2"制作的"儿童照模板"图像。

② 单击"矩形2"形状层，使其成为当前操作图层，执行【Ctrl+Shift+Alt+N】组合键，在"矩形2"形状层上方新建"图层1"。

③ 执行【文件】菜单—【置入】命令，置入"任务1"中处理过的"儿童照片"图像，置入效果如图7-75所示，鼠标移动到变换框内，移动并缩放图像如图7-76所示。执行【Enter】键，确认变换。

图7-75　图像置入效果　　　　　　　　图7-76　置入图像缩放并移动效果

④ 执行【图层】菜单—【创建剪切蒙版】命令（或执行【Ctrl+Alt+G】组合键），创建"儿童照片"与"矩形2"形状层之间的剪贴蒙版，创建剪贴蒙版效果如图7-77所示。

⑤ 重复步骤②、③及④，在"矩形2副本"及"矩形2副本2"各新建一个空白图层，并置入"儿童照1"及"儿童照2"，改变"儿童照1"和"儿童照2"的位置及大小，并创建"儿童照1"与"矩形2副本"的剪贴蒙版及"儿童照2"与"矩形2副本2"的剪贴蒙版，创建效果如图7-78所示。

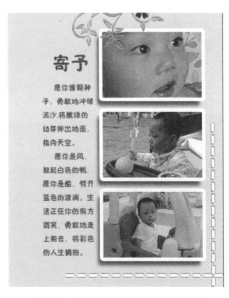

图7-77　剪切蒙版创建效果　　　　　　图7-78　其他层剪切蒙版创建效果

⑥ 执行【Ctrl+Shift+Alt+N】组合键，新建图层，执行【文件】菜单—【置入】命令，置入"儿童照3"图像，旋转并缩放置入图像如图7-79所示。执行【Enter】键，确认变换。

⑦ 执行【图层】菜单—【删格化】—【智能对象】命令，使置入的图像转换成普通图层。

⑧ 选择【工具面板中的】中的【椭圆选框工具】○，绘制一个如图7-80所示的椭圆选区。

图7-79 置入图像旋转缩放变换效果

图7-80 选区建立效果

⑨ 执行【选择】菜单—【修改】—【羽化】命令，将羽化半径设置为40像素。

⑩ 执行【Ctrl+Shift+I】命令，获得当前选区的相反区域，执行【Delete】键，删除选区内的像素，执行【Ctrl+D】键，取消选择区域，最终效果如图7-81所示，图层面板状态如图7-82所示。

⑪ 执行【文件】菜单—【存储为】命令，存储图像。

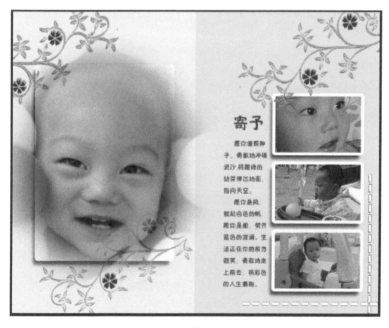

图7-81 儿童照最终合成效果

图7-82 图层面板状态

任务4 修复带有小广告的墙面

◇ 先睹为快

王老师家门口最近被贴上了小广告，让人讨厌的小广告，在墙面上我们不容易处理掉小广告，但是在电脑上，我们利用Photoshop的【修补工具】还是很容易处理掉的，下面我们来看看王老师是怎么处理的吧。本任务效果如图7-83所示。

图7-83 图片修复前后对比效果

◇ 技能要点

Photoshop中修补工具的使用

◇ 知识与技能详解

1. 修补工具

修补工具就是利用图像中其他区域的像素来修复选中区域的像素，从而快速、自然地修复图像中不理想的部分。修补工具也是Photoshop常用修复图像所使用的工具之一。

2. 修补工具快捷键

修补工具的快捷键是【J】。

✎ 提示

如果当前使用的工具为修复工具组里除修补工具以外的任何工具时，如需切换为修补工具，此时的快捷键为【Shift+J】，直至切换到修补工具。

3. 修补工具的使用

修补工具实际上就是用图像中的一块区域修补另一块区域，以达到修复的效果。根据修补工具的属性，修补工具有两种不同的用法。

第一种情况，即拿彼处来修补此处。在修补工具的属性栏上点选"源"，在图像上选择被修补的区域（使用方法同套索工具），然后单击区域并按住鼠标左键不要放开，拖动到已选好的另一区域，松开鼠标，此时，图像中不理想的区域就被修复了。

第二种情况，即拿此处修补彼处。在修补工具的属性栏上点选"目标"，在图像上选择一块与被修复区域相近的区域，这个区域是准备修补不理想区域的"源"图像。点击鼠标并保持左键按住拖动到被修补的区域，松开左键，修补完成。

4. 修补工具的属性

修补工具属性栏如图7-84所示，属性说明如下所述。

图7-84　修补工具属性栏

源：指要修补的对象是现在选中的区域；方法是先选中被修补的区域，再把选区拖动到用于修补的另一个区域。

目标：与"源"相反，方法是先选中用于修补的区域，再拖动选区到被修补的区域。

透明：不勾选该项时，被修补的区域与周围图像只在边缘上融合，而内部图像纹理保留不变，仅在色彩上与原区域融合；勾选该项时，被修补的区域除边缘融合外，还有内部的纹理融合，即被修补区域好像做了透明处理。一般情况之下，我们不勾选。

◇ 任务实现

① 执行【文件】菜单—【打开】命令，或双击Photoshop空白工作区，或将图片直接拖拽到Photoshop的工作区，打开如图7-85所示名称为"王老师家墙面"的图片文件。

图7-85　"王老师家墙面"图片素材

② 选择【工具箱】中的【修补工具】 ，或按快捷键【J】。在"修补工具"属性栏中修补类型选择"源"，其他选项保持默认，如图7-86所示。

图7-86　"修补工具"属性栏状态

③ 用修补工具在被修复区域上绘制一个选区（绘制选区方法同【套索工具】），效果如图7-87所示。

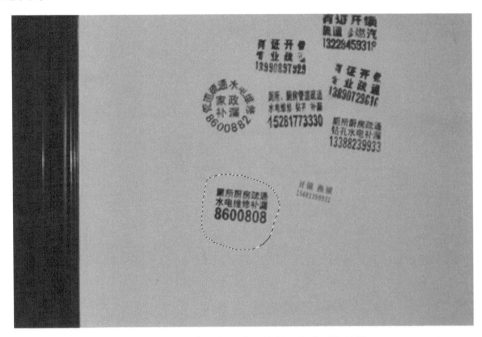

图7-87 "在被修复区域上绘制一个选区"效果

④ 鼠标放在选区上，按住鼠标左键将选区拖动到颜色和内容与被修复区域相似的区域，然后松开鼠标，完成修复。如图7-88所示。

图7-88 修复完成第一个区域的效果

⑤ 按上述步骤重复操作，完成其他地方的修复。

⑥ 最终修复效果如图7-89所示。

图7-89　修复后的最终效果

任务5　"移形换影"

✧ 先睹为快

如果我们能把图像中一个物体移动到图像中的任何一个位置，并且被移走的区域还会自己填充上背景，这样的技术我们是不是很期待呢？下面我们来看看如何用Photoshop中强大的【内容感知移动工具】来"移形换影"，本任务效果如图7-90所示。

图7-90　"移形换影"前后对比效果

✧ 技能要点

Photoshop中内容感知移动工具的使用

✧ 知识与技能详解

1. 内容感知移动工具

内容感知移动工具可以选择图像场景中的某个物体，然后将其移动到图像中的任何位置，经过 Photoshop 的计算，完成极其真实的合成效果。

2. 内容感知移动工具快捷键

内容感知移动工具的快捷键是【J】。

✎ 提示 ╱

如果当前使用的工具为修复工具组里除内容感知移动工具以外的任何工具时，如需切换为内容感知移动工具，此时的快捷键为【Shift+J】，直至切换到内容感知移动工具。

3. 内容感知移动工具的使用

选择【内容感知移动工具】，此时鼠标上出现类似"X"的图标，按住鼠标左键并拖动绘制出选区（绘制选区方法同【套索工具】），然后在选区中按住鼠标左键拖动到想要放置的位置后松开鼠标，这样就完成了对图像的智能修复。

4. 内容感知移动工具的属性

内容感知移动工具属性栏如图7-91所示，其属性说明如下所述。

图7-91　内容感知移动工具属性栏

① 选择重新混合模式。

移动：移动图片中要修复的对象，并可随意放置到合适的位置。移动后的空隙位置，PS会智能修复。

扩展：将图片中要修复的对象，放置到合适的位置就可以实现复制。复制后的边缘会自动柔化处理，与周围环境融合。

② 选择区域保留的严格程度。包括非常严格、严格、中、松散、非常松散五个选项，主要是对移动目标边缘与周围环境融合程度的控制。

③ 使用图案填充所选区域并对其进行修补。

④ 对所有图层取样。勾选"对所有图层取样"选项，可以从所有可见图层中提取信息。不勾选，只能从现用图层中取样。

✧ 任务实现

① 执行【文件】菜单—【打开】命令，或双击 Photoshop 空白工作区，或将图片直接拖拽到 Photoshop 的工作区，打开如图7-92所示名称为"人工湖石碑"的图片文件。

② 选择【工具箱】中的【内容感知移动工具】 ⊠，或按快捷键【J】。在"内容感知移动工具"属性栏中类型选择"移动"，适应选择"严格"，其他选项保持默认，如图7-93所示。

图7-92　"人工湖石碑"图片素材

图7-93　"内容感知移动工具"属性栏状态

　　③ 在被修复区域（石碑）上绘制一个选区（绘制选区方法同【套索工具】），效果如图7-94所示。

图7-94　"在被修复区域上绘制一个选区"效果

④ 将鼠标放在选区中，按住鼠标左键将选区拖动合适的位置，然后松开鼠标，完成"移形换影"。图像原区域被智能修复。如图7-95所示。

图7-95 "移形换影"后的效果

◇ 项目总结和评价

通过本项目的学习，学生对Photoshop软件中的图层有了更深的了解，对图层样式的使用有了更多的理解，掌握了置入命令的使用方法，了解了智能图层的作用，掌握了部分修复工具的使用方法和技巧。希望同学们在掌握本项目知识点的前提下，能够熟练制作本项目的内容，为将来在实际工作中的设计与制作打下坚实的基础。

思考与练习

1．思考题

（1）斜面和浮雕样式包括几种样式，都有哪些？

（2）置入命令与打开命令有什么区别？

2．操作练习

用相机拍摄一张人像照片，并运用图层相关知识对其修饰、美化。